AI
时代的知识工程

主　编　周　元　史晓凌　景　帅
副主编　茹海燕　谭培波　柳晶晶

科学出版社

北　京

内 容 简 介

　　知识工程是创新方法的一种，是一个采用人工智能技术进行文本理解阅读，用知识图谱进行知识表达，并在知识图谱上构建的一个具有搜索、推荐、问答、舆情监测和社区服务功能的系统。本书概括了知识管理和知识工程的各种概念，描述了人工智能技术在知识挖掘中的应用发展趋势及实现知识工程的云架构技术，列举了知识工程在几个典型行业的应用实例，展示了知识工程方法论强大的生命力和适应性。

　　本书提供了系统化面向知识应用的工程思路和云平台，面向那些急切盼望在以人工智能为特征的百年大变局中脱颖而出、快速站在知识链前端的企业、工程师和知识研究工作者。

图书在版编目（CIP）数据

AI 时代的知识工程／周元，史晓凌，景帅主编．
—北京：科学出版社，2020.6
ISBN 978-7-03-065141-9

Ⅰ. A…　Ⅱ. ①周…②史…③景…　Ⅲ. ①知识工程　Ⅳ. TP182

中国版本图书馆 CIP 数据核字（2020）第 080878 号

责任编辑：李　敏　杨逢渤／责任校对：樊雅琼
责任印制：赵　博／封面设计：无极书装

科学出版社 出版
北京东黄城根北街 16 号
邮政编码：100717
http://www.sciencep.com
北京凌奇印刷有限责任公司印刷
科学出版社发行　各地新华书店经销
*
2020 年 6 月第　一　版　开本：720×1000 B5
2024 年 11 月第五次印刷　印张：12 1/2
字数：260 000
定价：138.00 元
（如有印装质量问题，我社负责调换）

前　　言

知识工程是创新方法的一种，2011 年被列入科学技术部的国家科技支撑计划重点项目，但直到 2018 年以中国石油化工股份有限公司（简称"中国石化"）为实施单位的知识工程项目获得全球 MIKE（最具创新力的知识型组织）大奖，我们对知识工程的认识才与国际上的主流思想保持一致。

知识工程项目是一把手工程。其开展过程一波三折，异常坎坷，然而面对这种折磨和煎熬，我们没有放弃，坚持了下来，最终才在理论、实践及成果上均有所收获。2011 ~ 2015 年，我们对知识工程的认识还是按关键字进行搜索的搜索系统，显然这样的搜索效果是不能满足企业客户需求的；2015 ~ 2017 年，我们对知识工程的认识是一个经过语义扩展的搜索系统和社区系统，这满足了搜索的专业性和人群隐性知识收集的需求，但在知识的准确性和实时性方面还不能满足企业客户的要求；2017 年以后，我们定义知识工程是一个采用人工智能（artificial intelligence，AI）技术进行文本阅读、用知识图谱进行知识表达，并在知识图谱上构建的一个具有搜索、推荐、问答、舆情监测和社区服务功能的系统，兼具了文本和社区知识挖掘的准确性和实时性，取得了良好的客户满意度。因此，我们通过本书分享项目开展过程中的经验和教训，期望能对正在从事知识业务相关的人员及其研究有所帮助。

书名定为《AI 时代的知识工程》。首先，是因为在 AI 的大语境下，知识工程将淹没在时代更替的大潮之中，我们向传统的知识工程工作致敬；其次，是表明在 AI 语境下，知识工程以及知识挖掘无处不在，融进了 AI 的每一个环节，如果说 AI 是目标的话，那么知识工程就是手段。AI 和知识工程犹如硬币的两面一样不可分割,知识工程在新的 AI 时代又获得了新生,而不是灭亡和消失。

书中目录经过 3 次修正,确定为以 AI 技术进行文本挖掘为主的在线运行的知识工程平台为总体结构蓝本,描述知识工程在 AI 大背景下的一些特点,突出知识工程不断演进的生命周期现象。

第 1 章描述知识工程的基本内容,区分了知识管理和知识工程的各种概念,以及采用 AI 技术进行知识加工的现实需求和时代需求。

第 2 章简述 AI 知识工程的核心技术,传统知识工程的逻辑一般是采—存—管—用;由于知识挖掘的加入,知识工程的逻辑修正为采—挖—存—管—用。在每一阶段都简述了相关的主要核心技术,并以项目中涉及的技术为主体进行描述,而不是泛泛地对一般知识工程所涉及的技术进行描述,避免空谈。贯穿于核心技术之中的主题思想是图的思想,而传统的知识工程思想是文和表的思想。用图来表达知识和业务,是整个 AI 知识工程核心技术的精髓,图以及图谱的思想又和图像处理、视觉处理的技术结合在一起,使得知识工程技术平滑地升级为 AI 技术的一部分。在图的语境下,不仅可以采用专门用于自然语言处理的长短期记忆网络(LSTM)、Seq2Seq 等深度学习的序列技术,对于石油领域的技术文献而言,其大量的图像、表格等,也必须采用图像处理技术才能实现图像语义的解析。图是工程的语言,没有图就没有工程,所以 AI 技术中最引人入胜也是成就最高的图像处理技术,其成为知识工程的支撑核心技术,这极大地丰富了传统的以自然语言处理为核心的知识加工技术工具箱。在知识应用中精准问答,也是和传统的基于 FAQ(常见问题解答)及聊天的处理完全不一样的问答技术,这里对于问题的解析完全用图的语言,将问句意图解析为一个目标点和一个限定点之间的一种联系,也就是把问句解析为两点一线的图的形式,和传统的将问句解析为祈使句、疑问句等或者解析为角色等语义方法不同,而是直接在图谱上进行推理、运算,最终构建答句。精准问答的关键是实现了在概念图谱上的知识推理,在实例图谱上数据计算。推理中有一个不证自明的假定,即人的思维跟光线传播一样,也遵循费马定理的最短路径,如此,采用图论中的最短路径算法,在概念图谱上计算出来的路径就是人的思维逻辑。

第3章描述知识工程的云架构技术，这虽然讲的是软件的快速部署、异构兼容的 ICT（信息和通信）技术，但背后的驱动力却是面向业务的，核心思想是要实现数据的业务化。

第4章描述知识工程实施方法论 DAPOSI，这使得知识工程实践水平提高了一个新的等级。我们知道，对于软件工程 CMMI（能力成熟度模型集成）而言，3 级是整个 CMMI 5 级的中间分水岭，前 2 级都是描述对人的规范，而 3 级以后是描述如何像生产线上的机器一样生产软件，从人工到机器加工的关键点是：要有标准操作规范、要有流程、要有 SOP（标准作业程序），而 DAPOSI 正是知识工程 SOP，这使得知识工程项目在实践中可以像生产线一样复制生产出来，知识工程的质量、效率、成本都是基于 DAPOSI 得以保证的，正像产品的质量由生产设备保证一样。

第5章描述知识工程的应用已经上线运行的几个项目案例，也介绍了几个正在开展的新业务项目的内容。例如，在石化领域中，基于图像处理技术旨在提高地层对比准确度的地层解释技术；在政府项目中，基于知识图谱的违法用地实时督察技术等。在其他领域，如乳业中基于工业图谱的追溯技术、基于知识图谱的金融行业问答机器人技术、基于资源图谱和进化图谱的园区规划技术等，这是知识工程技术在 AI 时代的自然而然的发展。

第6章描述 AI 时代知识工程未来发展的趋势，主要依据是 TRIZ（发明问题解决）理论的技术进化思想。从向超系统发展的趋势看，知识工程将淹没在 AI 的术语大潮中，知识工程成为 AI 的一部分，就跟收音机融入手机一样，知识工程成为 AI 的组成部分；从动态性看，知识挖掘还处于手工阶段，只有当手工标注完成之后，才有可能进入机器学习和自适应学习阶段，AI 以人为本，也强调了人工标注基础工作的不可替代性；而理解人的思维模式并通过机器固化这种模式，本身就是 TRIZ 的基本思想，因此，不断探索人的认知模式是 AI 的必然趋势。

本书的内容总策划由周元、史晓凌、景帅负责，其中第1章和第4章由茹海燕完成，第2章和第6章由谭培波完成，第3章由柳晶晶完成，第5章由景帅完成，史晓凌对全书进行了审核，感谢创新方法研究会对本书编写和出版过程的大力支持。

本书主要阐述了我们在知识工程实践中遇到的问题和解决方案，并没有对知识工程的理论进行全面深刻的阐述，希望对各位读者有所帮助，同时也希望各位读者提出宝贵意见。

作　者

2020 年 6 月 6 日

目　　录

1 知识工程的前世今生

1.1 知识的定义

人类最早对知识的定义来自柏拉图的《泰阿泰德篇》，其中将"知识"定义为"justified true belief"，即被确证的真实的信仰。此后西方哲学家将知识分为两种：先验知识与后验知识。先验知识意味着仅凭推理得到的知识，而不受直接或间接经验的影响；后验知识指其他种类的知识，也就是知识的得来和证实需要借助经验，也被称作经验性知识。按照知识被验证和信仰的程度，知识又能够分为强知识和弱知识。标准的强知识包括个人知识和公共知识，它们都被验证正确，前者是经过个人验证的知识，后者是被社会普遍接受的知识。弱知识则是省略了验证的环节，弱的个人知识就是个人的信念。

人类数千年的发展，也没有为知识找到一个统一的定义，每一次重要的知识概念都在反映着定义人自身对知识某些特性的偏重。

《韦伯斯特词典》对知识的定义是："知识是通过实践、研究、联系或调查获得的关于事物的事实和状态的认识，是对科学艺术或技术的理解，是人类获得关于真理和原理的认识总和。"《辞海》将知识定义为"人类认识的成果或结晶，包括经验知识和理论知识"。经验知识是知识的初级形态，系统的科学理论是知识的高级形态。

1958 年，迈克尔·波兰尼（Michael Polanyi）从哲学领域提出了"显性知识"与"隐性知识"的区别，这是对知识概念认知的一次重要进步。他在著作《个人知识》中定义："显性知识是通常被表述为知识的，即以书面文字、图表和数学公式加以表述的知识；而隐性知识是未被表述的知识，像我们在做某事的行动中所拥有的知识。"因此，显性知识可以用规范的、系统化的语言体系来表达，最典型的是语言，也包括数学公式、各类图表、盲文、手势语、旗语等多种符号形式，具有一定的客观性，能够被广泛地多次传播；隐性知识难以用语言表达，即我们常说的"只可意会，不可言传"，具有更多的主观性，在传播中信息衰减得非常严重。这两者的存在正符合辩证法的对立统一原则。

经济合作与发展组织（OECD）在《以知识为基础的经济》的年度报告中将

知识分为四类：知道是什么的知识（know-what），知道为什么的知识（know-why），知道怎么做的知识（know-how）和知道是谁的知识（know-who）。

我国国家标准《知识管理 第 1 部分：框架》（GB/T 23703.1—2009）和《知识管理 第 2 部分：术语》（GB/T 23703.2—2010）对于知识及相关内容做了如下明确的定义：

"知识是指通过学习、实践或探索所获得的认识、判断或技能。"

"知识可以是显性的，也可以是隐性的；可以是组织的，也可以是个人的。"

"知识可包括事实知识、原理知识、技能知识和人际知识。"

"显性知识是指以文字、符号、图形等方式表达的知识。"

"隐性知识是指未以文字、符号、图形等方式表达的知识，存在于人的大脑中。"

"事实知识是指关于客观事实的知识。"

"原理知识是指关于自然界（含人类社会）的原理和法则的科学知识。"

"技能知识是指关于做事的技艺或能力的知识。"

"人际知识是指关于谁知道，以及谁知道如何去做某事的知识。"

除了知识的上述特征，在近些年的实践中，知识的另一个特征逐渐凸显出来，即知识的时间特性。梅小安和万君康在论文《知识生命周期的三种诠释》①中论述了企业的知识具有从孕育、成长到成熟和衰退的周期，如图 1-1 所示。这表明伴随着时间变化知识的特性也会发生变化，特别是价值属性，有一个从无到有、从少到多，再从多到少，直至消失的过程。文中说到："知识虽然具有永恒性，但随着时间和空间的变化，知识的数量、质量和适应性都在发生变化。知识的含量随时间也就是知道并相信的人的多少而改变，由知识逐渐变为常识，由现在时逐渐变为过去时。"

关于"知识"的话题，还有另一种认识的维度，那就是 DIKW 模型。

DIKW 体系是关于数据、信息、知识及智慧的体系，可以追溯至托马斯·斯特尔那斯·艾略特所写的诗——《岩石》。在首段，他写道："我们在哪里丢失了知识中的智慧？又在哪里丢失了信息中的知识？"（Where is the wisdom we have lost in knowledge？/ Where is the knowledge we have lost in information？）。1982 年 12 月，美国教育家哈蓝·克利夫兰在其出版的《未来主义者》一书中引用艾略特的这些诗句，并提出了"信息即资源"（information as a resource）的主张。其

① 梅小安，万君康. 知识生命周期的三种诠释［EB/OL］. 中国科技论文在线. http：//www. paper. edu. cn/releasepaper/content/200501-35［2020-04-10］.

图 1-1　企业知识生命周期示意图

后，教育家米兰·瑟兰尼、管理思想家罗素·艾可夫进一步对此理论发扬光大，前者在 1987 年撰写了《管理支援系统：迈向整合知识管理》（*Management Support Systems：Towards Integrated Knowledge Management*），后者在 1989 年撰写了《从数据到智慧：人类系统管理》（"*From Data to Wisdom*"，*Human Systems Management*）。

DIKW 体系将数据、信息、知识、智慧纳入一种金字塔形的层次体系，如图 1-2所示，每一层比下一层多赋予一些特质。

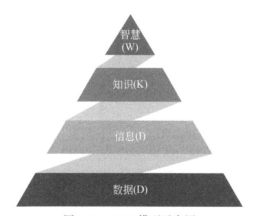

图 1-2　DIKW 模型示意图

D 代表 data，即数据，通常是观察、测量直接所得，如文本、规约、实践的记录；I 代表 information，即信息，回答数据的含义，典型的如回答 who、where、when、what 等问题；K 代表 knowledge，即知识，通常是 know-what，know-how；

而 W 代表 wisdom，即智慧，是对知识的应用，know-why。

在《大数据》一书中，有个"啤酒与尿布"的案例，正好可以用这个模型来解释，如图 1-3 所示。

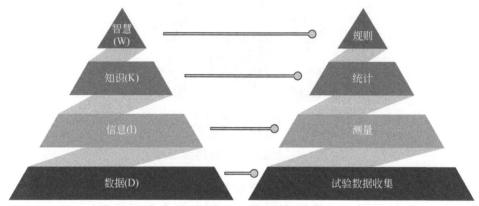

图 1-3　DIKW 案例

D：一个超市每天、每种货物的销售量数据。

I：货物的销售信息表，包括货物名称、销售量、日期等数据。

K：分析 I 的销售信息表发现，啤酒与尿布的销售量在周五成正比，且周五的销售量远高于一周的其他时间。挖掘这些数据关系背后的事实可以发现，全职太太经常在周五外出聚会，那么丈夫要留在家中看孩子，而他们习惯一边看孩子，一边看电视喝啤酒。

W：超市管理者及时调整超市的货品布局，将最贵的尿布和啤酒放在同一货架；于是对尿布价格不敏感的丈夫，总是会买了啤酒、抓起尿布就去付款，于是高价位尿布的销售量显著增加。

在这个案例中，我们不仅看到了知识是如何诞生的，也看到了聪明的商人如何把知识变成行动从而赢利的，这就是智慧。正如《商业智能理论与应用实践》的作者所言："随着 DIKW 的提高，人们对客观世界的认识越深刻，企业能实现的价值也越高。智慧就是行动，就是将知识转化为企业的经营行为。"

基于 DIKW 体系对数据、信息、知识的对比分析，可以得出知识内涵的主要内容，即知识来源于信息，但又不是信息的子集，它是经过"理解"后，关联了具体情境的、可以指导如何行动的信息，最终支撑形成个人和组织的"智慧"。

总而言之，不论在学术界还是在企业界，对知识的内涵还没有形成统一的认识。关于知识的定义，相信在今后很长一段时间，也不会有一致的定义。"知识是什么"这个问题之所以难以回答，一个重要原因在于知识紧密地依赖语境及在这个语境中的知识接收者。因此，在进行关于知识的研究与应用时，要与特定语境（即人、任务等）进行结合才有意义。

1.2　知识管理与知识工程

1.2.1　知识管理的发展

20世纪60年代初，美国管理学教授彼得·德鲁克首先提出了知识工作者和知识管理的概念，指出我们正在进入知识社会，在这个社会中最基本的经济资源不再是资本、自然资源和劳动力，而应该是知识，在这个社会中知识工作者将发挥主要作用。

20世纪80年代以后，彼得·德鲁克继续发表了大量相关论文，对知识管理做出了开拓性的工作，提出"未来的典型企业以知识为基础，由各种各样的专家组成，这些专家根据来自同事、客户和上级的大量信息，自主决策和自我管理"。

20世纪90年代中后期，美国波士顿大学信息系统管理学教授托马斯·H.达文波特在知识管理的工程实践和知识管理系统方面做出了开创性的工作，提出了知识管理的两阶段论和知识管理模型，是指导知识管理实践的主要理论。

与此同时，日本管理学教授野中郁次郎博士针对西方的管理人员和组织片面强调技术管理而忽视隐含知识的观点提出了一些质疑，并系统地论述了隐含知识和外显知识的区别，为我们提供了一种利用知识创新的有效途径。

21世纪初，瑞典企业家卡尔–爱立克·斯威比博士将对知识管理的理论研究引向了与实践活动紧密结合并相互比照的道路，他从企业管理的具体实践中得出，要进一步强调隐含知识的重要作用，并指出了个人知识的不可替代性。

知识管理的发展历程如图1-4所示。

至今为止，知识管理理论流派大致可分为三大学派，即行为学派、技术学派和综合学派，也有研究将综合学派又进一步划分为经济学派和战略学派。

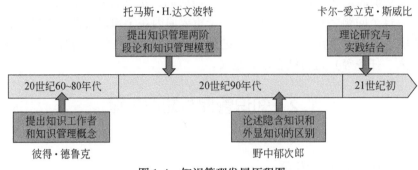

图 1-4　知识管理发展历程图

1. 行为学派

一般而言，行为学派的知识管理（包括理论研究和实践活动两个方面）主要侧重关注发挥人的能动性，关注对人类个体的技能或行为的评估、改变或是改进过程，热衷于对个体能力的学习、管理和组织方面进行研究，认为知识等于过程，是一个对不断改变着的技能的一系列复杂的、动态的安排。

该学派主要代表人物卡尔-爱立克·斯威比博士把知识定义成一种行动的能力，即强调知识是动态的，知识是过程（process），是人行动的能力；信息经过人的大脑吸收、处理后才能变成知识，变成人们解决问题的能力，知识的创造和共享发生在人与人的交流和解决问题的实践过程之中；知识管理的对象是知识而不是信息。他还强调知识管理必须以人为中心，因为只有人才是知识的载体，知识只有通过人的行动才能变成组织效益；真正有知识的人才总是稀缺的。因此，知识管理的核心就是把人才当作组织最重要的生产资源来开发利用：如何招聘人才，公平对待人才，为人才创造最好的工作环境和条件，利用和挖掘人才的知识为客户和所在组织创造最大价值，同时通过适当的方式减低组织对人才的过分依赖。

该学派的另一个主要代表人物野中郁次郎博士则强调了隐含知识的重要性，认为"知识创新并不是简单地处理客观信息，而是发掘员工头脑中潜在的想法、直觉和灵感，并综合起来加以运用"。野中郁次郎还针对西方的管理人员和组织理论家提出了一些质疑，并提出了知识创新的共享环境，即"场"的概念。

野中郁次郎提出：在企业创新活动的过程中，隐性知识和显性知识二者之间互相作用、互相转化，知识转化的过程实际上就是知识创造的过程。知识转化有四种基本模式——潜移默化（socialization）、外部明示（externalization）、汇总组合（combination）和内部升华（internalization），即著名的 SECI 模型。

SECI 模型存在的一个基本前提，即不管是人的学习成长，还是知识的创新，都是处在社会交往的群体与情境中来实现和完成的。正是社会的存在，才有文化的传承活动，任何人的成长、任何思想的创新都不可能脱离社会群体、集体的智慧。在 SECI 模型中，如图 1-5 所示，隐性知识与显性知识相互转化、知识螺旋式上升的过程，包括社会化（即潜移默化，socialization）、外在化（即外部明示，externalization）、组合化（即汇总组合，combination）和内隐化（即内部升华，internalization）四个阶段。每一个阶段都有一个场（ba）存在，分别为创发场（originating ba）、对话场（interacting/dialoguing ba）、系统场（cyber/systemizing ba）和实践场（exercising ba）。

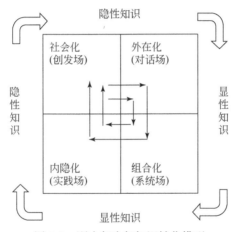

图 1-5　野中郁次郎知识转化模型

2. 技术学派

技术学派的知识管理主要关注借助技术的效率，关注信息管理系统、人工智能、重组和群件等的设计和构建，认为知识是一种企业资源，是一种物质对象，并可以在信息系统中被标识和处理，即可以被管理和控制。上述观点主要由信息技术发展而来。托马斯·H. 达文波特认为，知识是结构性经验、价值观念、关系信息及专家见识的流动组合，知识为评估和吸纳新的经验和信息提供了一种框架，知识产生于并运用于知者的大脑里。但在组织机构里，知识往往不仅存在于文件或数据库中，也根植于组织机构的日常工作、程序、惯例及规范中，可以通过计算机和网络进行编码、存储和传播。"数据→信息→知识"的递进概念，使得知识管理与信息管理紧密相关，信息技术在其中起到很大的作用。曾一度盛行于美国的泰勒主义知识管理方法和实践活动，即以信息技术为主的知识管理项目，就是这个学派的典型做法。

该学派的主要代表人物是美国波士顿大学信息系统管理学教授托马斯·H. 达文波特。达文波特教授在知识管理的工程实践和知识管理系统方面做出了开创性的工作，他提出的知识管理两阶段论和知识管理模型，是指导知识管理实践的主要理论。在第一阶段，企业像管理其有形资产一样对其知识资产进行管理：获取资产并将其"存放"在能够被很容易获取的地方；对有形资产而言，存放地点是"仓库"，相应地存放知识资产需要有"知识库"。达文波特教授指出，现在很多企业里，不是没有知识库，而是其知识库太"拥挤"和"繁杂"。他举例说，有一个公司有 3600 多种数据库和许多其他"知识目标"。这样多的"知识"导致其需求者很难在很短的时间内找到其所需的知识。当企业仓库里的有形资产太多时，他们会开始考虑供应链管理或尽量根据实际需要减少库存。同样，企业对知识库的管理也需要相应的"供应链管理"，这就进入了知识管理的第二个阶段。当公司意识到他们的知识库中已经拥有太多的"知识资产"时，他们应该采取哪些措施呢？达文波特教授认为要解决这个问题，必须要考虑知识工作业务本身的改进与提高。如果我们希望能够使知识的供需实现基本平衡，首先需要考虑知识工人是怎样完成他们的工作的。举例来说，如果我们的目标是为了提高组织里新产品开发过程的绩效，并做到在最适合的切入点将知识非常好地融入产品当中，那么我们应该考虑让开发者、工程师和市场人员等参与此过程的人，尽可能地掌握其所学习到的知识，并将知识与其他新产品开发项目团体共享，从而做到更有效地利用来自组织内外部的知识，以尽可能地避免或少犯错误，达到更好的市场效果。

另外，托马斯·H. 达文波特的再造思想，就是要利用信息技术来摧毁旧式官僚体制和流于书面形式的管理体制。可以说，该学派的思路拓展，冲击了知识垄断，减少了知识障碍。

3. 综合学派

知识管理的综合学派则认为，"知识管理不但要对信息和人进行管理，还要将信息和人连接起来进行管理；知识管理要将信息处理能力和人的创新能力相互结合，增强组织对环境的适应能力"。组成该学派的专家既对信息技术有很好的理解和把握，又有着丰富的经济学和管理学知识。他们推动着技术学派和行为学派互相交流、互相学习，从而融合为自己所属的综合学派。因为综合学派能用更加系统、全面的观点实施知识管理，所以很快就被企业界接受。该学派代表人物众多，其中一个主要代表人物是托马斯·A. 斯图尔特，他在自己所写的《"软"资产：从知识到智力资本》一书中提出：在企业所拥有的所有资产中，最重要的是"软"资产，如技能、能力、专业经验、文化、忠诚等，这些都是知识资产（智力资本），它们决定着企业是否能够获得成功。可以说，该学派的思路拓展，营造了知识经济，认清了知识财富。

综合学派强调知识管理是企业的一套整体解决方案，在这套解决方案里要解决企业的很多问题：一是知识管理观念的问题，二是知识管理战略的问题，三是知识型的组织结构问题，四是知识管理制度的问题，接下来还有知识管理模板，如规范的表格等问题。在此基础上，将知识管理制度流程化、信息化，将知识管理表格和模板界面化、程序化，将企业知识分类化、数据库化，在考虑与其他现有系统集成的基础上，开发或购买相应知识管理软件，建设企业的知识管理系统。

上述三个学派在指导具体的知识管理实践活动中，并非是完全分离或对立的，而是一种辩证的统一，只是各有侧重而已。实际上，就某一项知识管理的具体实践活动而言，也不能因为侧重于某一个方面而就与其他方面绝对地分离开来。知识管理本身是战略管理中的一项具体内容，因此要从战略管理的认识论基础上来重新审视知识管理，而不是单纯地仅从技术、行为或者经济的角度来考量，还要结合应用当代跨学科研究的最新成果。灵活利用各种立体思维、交叉科学和技术融合的方法，必将为知识管理更深入的理论研究和有效指导具体的实践活动开辟新天地，拓展新方向。

1.2.2 知识工程应运而生

1.2.2.1 知识管理与知识工程

我国制定并陆续发布了知识管理相关的一系列国家标准，如知识管理标准系列《知识管理 第1部分：框架》（GB/T 23703.1—2009）、《知识管理 第2部分：术语》（GB/T 23703.2—2010）、《知识管理 第3部分：组织文化》（GB/T 23703.3—2010）、《知识管理 第4部分：知识活动》（GB/T 23703.4—2010）、《知识管理 第5部分：实施指南》（GB/T 23703.5—2010）、《知识管理 第6部分：评价》（GB/T 23703.6—2010）、《知识管理 第7部分：知识分类通用要求》（GB/T 23703.7—2014）、《知识管理 第8部分：知识管理系统功能构件》（GB/T 23703.8—2014），以及知识管理体系标准《知识管理体系 第1部分：指南》（GB/T 34061.1—2017）、《知识管理体系 第2部分：研究开发》（GB/T 34061.2—2017）。

在这一系列国家标准中，知识管理的定义是："对知识、知识创造过程和知识的应用进行规划和管理的活动。"它的含义主要体现在两个方面：第一，管理的对象是"知识"；第二，知识管理涵盖知识从出生到衰退的完整生命周期。

企业的知识生命周期，可以粗略地分为四个阶段，如图1-6所示。与生物系统、技术系统的S曲线理论一样，也有出生期、成长期、成熟期和衰退期，它们分别对应着知识获取、知识处理、知识应用、知识退出阶段。因此，对知识的管理必须涵盖知识的全部生命周期。

图1-6 企业知识的生命周期图

在国家标准中，提出知识管理的目的是，"将存在于组织的显性知识和隐性知识以最有效的方式转化成组织中最具有价值的知识，进而提升组织的竞争优势。知识管理应根据组织的核心业务，鉴别组织的知识资源，开展管理活动，即知识鉴别、知识创造、知识获取、知识存储、知识共享和知识应用"。

知识管理的主要活动包括以下几种。

（1）知识鉴别：知识鉴别是知识管理活动中关键性的工作。知识管理首先应根据目标，分析知识需求，包括对现有知识的分析和未来知识的分析，适用于组织层次战略性的知识需求和个人层次日常对知识的需求。

（2）知识创造：知识创造是知识管理活动中的创新部分。对于组织来说，创新过程通常是在产品或服务方面的知识创造过程，通过研发部门的专家小组开展技术攻关。与此同时，创新需要通过全体员工积极参与，改善业务经营过程中的各个环节，创新过程不局限于研发部门。

（3）知识获取：知识获取强调对存在于组织内部已有知识的整理、积累或外部现有知识的获取。对于组织来说，应收集整理多方面知识，并使沉淀下来的知识具有可重用价值。同时，还可以通过兼并、收购、购买等方式直接在某个领域突破知识的原始积累获取所需要的知识，或有针对性地引入相应人才。

（4）知识存储：在组织中建立知识库，将知识存储于组织内部。知识库中应包括显性知识和存储在人们头脑中的隐性知识。此外，知识也可以存储在组织的活动程序中。

（5）知识共享：知识在组织中转移、传递和交流的过程。通过知识共享将个人或部门的知识扩散到组织系统，知识共享方式可在组织内人员或部门之间通过查询、培训、研讨或其他方式获得。

（6）知识应用：知识在组织应用时才能增加价值。知识应用是实现上述知识活动价值的环节，决定了组织对知识的需求，是知识鉴别、创新、获取、存储和共享的参考点。

国家标准中其他关于知识管理的重要概念还有知识管理系统和知识管理体系。

知识管理系统是组织内管理知识的信息系统，可用于支持知识鉴别、创造、获取、存储、共享、应用等活动。国家标准中的知识管理系统由基础构件和扩展构件组成，其功能框架如图 1-7 所示。

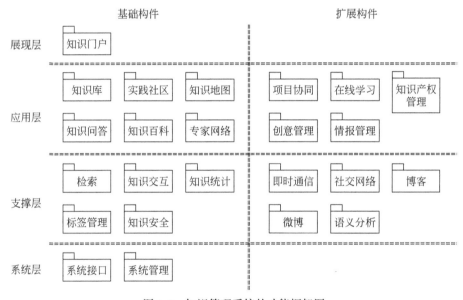

图 1-7　知识管理系统的功能框架图

知识管理体系是与知识相关的管理体系的组成部分。它包括知识库、技术设施、工具与方法和组织文化。

知识管理[1]发展到如今，其重要性不言而喻，企业需求旺盛。而市场上，各家的产品其实已经是理论上趋同，功能上大同小异，技术上不相上下，形式上彼此学习融合，呈现群雄逐鹿的局面。但在某机构进行的企业知识管理现状调研中，反映出一个让知识管理供应商和客户越来越头痛的问题，就是知识管理与企业的实际业务结合不紧密，在所有受访企业中发生率高达 56.14%（图 1-8）。这个问题被严重诟病的原因，是它对于企业的知识管理建设具有双重杀伤力：一方面，企业投入巨大人力、财力梳理知识，建立管理平台，改变组织制度，重塑企业文化，引发变革中不可避免的动荡；另一方面，新建立的系统和知识不能与员工的日常业务活动自然结合，不能立即显现出"知识资本"对生产率的显著正向影响力，而且还会造成员工日常工作的忙乱，在短期内降低了效率，损害了组织内部对知识管理变革的信心和期望。

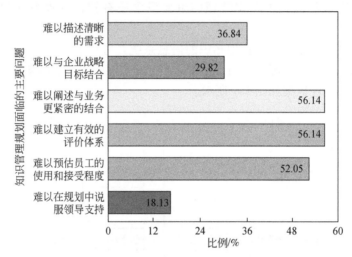

图 1-8　某机构知识管理现状调研

近些年，知识管理业界又提出了知识工程的概念。实际上，知识工程的内涵也是不断发展的。传统的知识工程的概念由美国斯坦福大学爱德华·费根鲍姆教授在 1977 年提出，起初是人工智能的重要分支之一，通常也叫做专家系统。费根鲍姆期待在机器智能与人类智慧（专家的知识经验）之间构建桥梁，搭建某种专家系统（一个已被赋予知识和才能的计算机程序），从而使这种程序所起到的作用达到专家的水平。简言之，专家系统是一种模拟人类专家解决领域问题的计算机程序系统。这个"被赋予知识和才能的计算机程序"在理解和翻译上有两个版本，推崇科学的英国人将其命名为专家系统，推崇技术的日本人将其翻译成知识工程。由此可知，传统的知识工程＝专家系统＝知识+计算机程序。

新一代的知识工程被定义为：依托 IT 技术，最大限度地实现信息关联和知识关联，并把关联的知识和信息作为企业智力资产，以人机交互的方式进行管理和利用，在使用中提升其价值，以此促进技术创新和管理创新，提升企业的核心竞争力，推动企业可持续发展的全部相关活动。

知识管理关注的是企业知识管理平台的搭建，知识体系构建，知识的全生命周期管理，为各业务系统提供与知识相关的服务，而知识工程是针对具体业务流程，识别需要的知识及时机，与知识管理平台建立获取和反哺知识的服务关系，提高业务绩效。

在实践中，知识工程强调在运营业务流程的过程中，如何获取知识、创造知识、积累知识，如图 1-9 所示，并在业务绩效中体现应用知识达到的效果。因此，知识工程是针对具体业务场景、目标性很强的知识辅助业务的活动，知识管理关注企业整体知识平台的搭建，包括知识的采集、存储、挖掘、模式提炼、共享交流、企业级知识的管理效率与效果评测及制度与文化的变革等。由此可见，相比知识管理，知识工程聚焦在业务流程的一个个具体的创造价值环节，从知识管理平台中获取精准的所需知识，在运用过程中创造出新的知识，并将这些知识返回到知识库中，纳入全生命周期的管理。横纵叠加，使知识有效地支撑各阶段业务应用，才能全面覆盖企业对于知识资本的管理、应用、增值的需求。

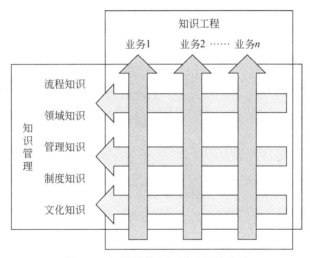

图 1-9　知识管理与知识工程的关系

从企业的长远发展和总体协同看，知识管理和知识工程其实是不可分的，知识管理重在基础建设，知识工程重在联系业务实践，这本身也是知识管理的最终目标。因此，也有人说，知识工程是知识管理的新阶段，或者知识管理是知识工程的初级阶段。

知识管理/知识工程的活动也体现了 D（数据）—I（信息）—K（知识）—W（智慧）的进阶过程。通过知识采集、挖掘实现 D/I—K 的进阶，建立企业知识库，并通过知识管理系统等信息化手段支撑在业务过程中的知识获取和共享交流，形成指导业务行动的决策与创新能力。

1.2.2.2　知识工程成熟度模型

从企业角度看，知识管理和知识工程其实是不可分的，知识管理重在基础建设，知识工程重在联系用户实践，它也是知识管理的最终目标。二者都会提供给客户软件系统，但企业文化的转变却远远不止软件交付，还要包括大量实施的内容，这些都是系统工程。企业实施的范围、效果不同，对于企业的助力大相径庭。为了有效地评价一个企业实施知识管理或知识工程的效果，北京智通云联科技有限公司（简称智通科技）研发团队建立了一套评估模型：知识工程成熟度模型（knowledge engineering maturity model，KEMM），如图 1-10 所示，它分为 5级，等级 1 ~ 等级 3 重点在知识管理建设，等级 4 ~ 等级 5 重点在知识工程建设。二者是同样目标的行动在不同阶段的表现，由此，下面将这二者统一称为知识工程。

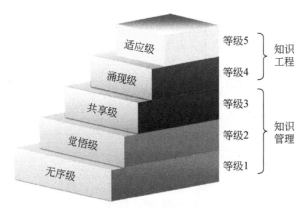

图 1-10　知识工程成熟度模型

这 5 个等级的具体含义，如表 1-1 所示。

表 1-1　KEMM 的各级定义

等级	名称	说明
1	无序级	没有知识管理和应用的意识，信息记录混乱
2	觉悟级	组织领导具有一些知识管理和应用的意识，组织有比较固定的流程，流程中有比较规范的信息记录模板，具有一些孤立的信息系统
3	共享级	组织具有描述流程的标准、程序、工具和方法；流程已经电子化，并在各个流程之间有效地共享信息

等级	名称	说明
4	涌现级	在组织和项目中建立量化指标，并确立达成的目标。在不同流程之间实现协同，并不断取得协同的效果，不断有新知识涌现，并被应用于流程和组织管理中
5	适应级	建立了能够根据外部环境变化，自动挖掘全流程和全组织的知识的机制，自动确定流程需要改进的位置和指标，并得到有效的解释和验证

　　企业处于不同的级别，客户进行知识管理的能力不同，反映出知识对于企业运营的支撑能力也不同。级别越高，客户理解知识、运用智慧的能力越强，对组织的管理能力和预测能力越强，从而获得的生产率越高，效果越好，如表 1-2 所示。

表1-2　KEMM 的各级特征

维度	等级 1	等级 2	等级 3	等级 4	等级 5
	无序级	觉悟级	共享级	涌现级	适应级
知识产生/管理/应用方式	—	手工	机器	半自动	全自动
应用业务范围	—	单活动	单业务流	多业务流协同	外部环境协同
影响业绩	—	员工	流程	产品服务	财务收益
影响组织范围	—	部门	事业部	整个公司	公司内外
应用领域	—	专业	行业	跨行业	全球各领域

　　举一个简单的例子，同样是计划管理，很小的企业也许口头管理就行，稍大一些的企业就必须用简单的工具，如运用 Excel 软件来管理；更大、更复杂的企业就必须使用一些专业的任务管理软件来进行协同办公。这些不同的管理手段，也许都能够满足企业本身的基本管理需求，但是对于更多、更复杂的信息来说，仅仅依靠人的记忆会出现信息损失的情况；运用 Excel 软件可以完成文件的归档和保存，但如果想要做信息分析、知识挖掘，需要付出的人力可能会超过信息本身的价值；相比而言，专业的任务管理软件，就可以按照经营者的需求进行设计，挖掘分析信息背后的知识，用于改进企业的经营，这就是"额外的价值"。

1.2.3 知识工程与创新

1.2.3.1 创新的内涵与类型

美国经济学家约瑟夫·熊彼特在其 1912 年出版的《经济发展理论》一书中，首次使用了创新（innovation）一词，他将创新定义为"新的生产函数的建立"，即"企业家对生产要素的新组合"。

创新包括以下五种情况：①引入一种新产品；②采用一种新的生产方法；③开辟一个新的市场；④获得一种新的原材料或半成品的供应来源；⑤实现一种新的工业组织形式。

创新包括以下几个特征：

（1）创新的主体是企业。

（2）创新是一种经济行为，其目的是获取潜在的利润，市场实现是检验创新成功与否的标准。

（3）创新者不是发明家，而是能够发现潜在利润、敢于冒风险并具备组织能力的企业家。

（4）创新联结了技术与经济，是将技术转化为生产力的过程。

（5）创新是一个综合化的系统工程，需要企业中多个部门的参与合作。

按照创新的内容，企业创新可以分为技术创新和组织管理创新。技术创新是指与新产品制造、新工艺过程或设备的首次商业应用有关的包括技术、设计、生产及商业的活动。

技术创新一般涉及"硬技术"的变化，侧重于对产品和生产过程的改变。但技术创新并非只是一个技术问题，而是一个涉及技术、生产、管理、财务和市场等一系列环节的综合化的过程。组织管理创新是指在企业中引入新的管理方式或方法，实现企业资源更有效的配置。组织管理创新与技术创新关系密切，特别是重大的技术创新，常常伴随着组织管理创新同时进行。

由此，我们也可以看到，当代对于创新的认知发生了变化，创新不一定是技术上的变化，也不一定是一件实实在在的物品，它甚至可以是一种无形的东西。例如，引起互联网广泛应用的主要因素并不是技术，而是腾讯、阿里巴巴、京东这样的网络商业模式。

1.2.3.2 知识与创新

如前所述，创新意味着"把创意转变为现实、实现商业化"。这与创造是不同的，创新反映的是知识与资本的互动。另外，还有一些创新概念，如知识创新、制度创新、科技创新、服务创新、市场创新等。其中，知识创新与技术创新是密不可分的。

知识创新是随着知识经济的讨论兴起而出现的新概念，最初由爱米顿（Amidon）在1993年提出，他将知识创新（knowledge innovation）定义为："通过创造、演进、交流和应用，将新的思想转化为可销售的产品和服务，以取得企业经营成功、国家经济振兴和社会全面繁荣。"

我国学者认为，知识创新是通过科学研究获得新的基础科学和技术科学知识的过程。知识创新的目的，是追求新发现、探索新规律、创立新学说、创造新方法和积累新知识。知识创新是技术创新的基础，是新技术和新发明的源泉，是促进科技进步和经济增长的革命性力量，知识创新是技术创新的起点和基础，技术创新是知识创新的延伸和落脚点。

马奇（March）和西蒙（Simon）将"本地化搜索"（localized search）和"稳定的启示"（stable heuristics）视为知识增长的基础。新知识可以通过对已有知识的逐步调整和增量改进而获得。例如，瓦特将蒸汽机推广应用到工业领域，就是建立在对纽科门蒸汽机的不断改进的基础之上。

还有一类知识创新是突破型的变化。按照阿吉里斯（Argyris）和舍恩（Schon）的理解，就是双环型学习（double-loop learning）。与单环型学习不同，它是指当发现错误时，可以通过运用搜集、整理到的信息，不断对现有的知识进行重新整合以获得新的知识。Kuhn则将科学发展的模式视为：前科学—常规科学—反常—危机—科学革命—新常规科学—……，即科学的发展是通过新旧范式的交替和科学革命来实现的。

由此可以看到，作为技术创新的基础，知识创新既可以是增量改进式的，也可以是突破型的。不论是增量改进式的知识创新，还是突破型的知识创新，都离不开对已有知识的有效获取与综合应用。

1.2.3.3　知识工程与创新

当前世界步入知识经济时代，这是21世纪的主要经济模式，知识是最重要的生产要素，智力资本成为企业竞争的焦点，知识工程建设成为各企业信息化建设的热点。据美国《财富》杂志报道，世界500强中，80%以上的企业正通过IT系统实施知识工程提高企业决策与经营质量。例如，美国道氏化学公司通过知识工程节约、改进和提高生产效率；英国石油公司通过改组"资产联邦"激发42家子公司的多样性和创造力；微软公司借助人员知识地图快速提升员工能力保持行业竞争力。

同时，知识推动与创新驱动已经成为中国经济的自觉追求。《信息周刊》2018 年第 5 期《自主知识创新是中国经济未来增长的主要动力》一文中明确提出："随着知识密集型行业的发展，知识经济已经逐步成为推动我国经济持续发展的关键动力之一，知识追赶的策略也是我国赶超世界先进水平的重要举措。"《中国社会科学报》2019 年 9 月 11 日总第 1776 期《理解创新经济》一文中提出："与以知识利用为主导的制造经济相比，创新经济以知识创造为主导，创新是现实经济中的惯例化和常规化的活动。"所以，创新与知识工程天然是密不可分的。

创新以知识运用能力为核心，以知识创造为本质，通过对信息、知识等进行收集、加工、分析、整合、重组等创造性智力活动，最终提供知识增值产品。

互联网数据中心（internet data center，IDC）2016 年的相关研究报告显示，大部分研发人员做的 90% 的所谓"创新工作"都是重复工作，因为这些知识已经存在于组织内部或组织外部。另一份研究报告显示：在知识密集的企业、科研院所和高等院校中，知识工作者三分之一的时间用在了寻找某些他们永远不可能找到的信息上。

由国务院发展研究中心承担的国家自然科学基金"八五"重大项目"技术创新研究"的研究成果表明，企业的研发成果和实践经验是以知识的形式存在于知识库中，企业的积累越丰富，知识库就越充实，从而企业的技术创新能力就越强大。

因此，知识工程与创新存在着密不可分的关系。从广义来讲，知识工程包含创新的过程，知识工程过程正是对信息、知识等进行收集、加工、分析、整合、重组，最终实现知识创造的过程。从狭义来讲，知识工程对创新起到了积极的促进作用。

回顾 1.2.1 节中野中郁次郎教授提出的 SECI 模型（图 1-5），其存在一个基本的前提，即不管是人的学习成长，还是知识的创新，都是在社会交往的群体与情境中来实现和完成的，即 4 个场：创发场、对话场、系统场、实践场。在这四个场中，"隐性知识"与"显性知识"完成转化，这就是知识工程发挥作用的地方。

创发场：实现社会化，即隐性知识和隐性知识的组合。它是通过共享经历建立隐性知识组合的过程，在这里，如何调动个人的分享意愿，创造利于分享、学习和交流的环境是非常重要的。

对话场：实现外在化，即隐性知识向显性知识的转化。它是将隐性知识用显性化的概念和语言清晰表达的过程，其转化手法有隐喻、类比、概念和模型等。

这是知识创造过程中至关重要的环节。

系统场：实现组合化，指的是显性知识和显性知识的组合。它是通过各种媒体产生的语言或数字符号，将各种显性概念组合化和系统化的过程。例如，从公司内部或外部搜集已公开的资料等外化知识，加以整合形成新的显性知识；或者将显性知识重新加以汇整及处理，使之变成公司的计划、报告或市场资料，以方便使用。这是信息系统发挥作用的重要环节。

实践场：实现内隐化，即显性知识向隐性知识的转化。它是将显性知识形象化和具体化的过程，通过"汇总组合"产生新的显性知识供组织内部员工吸收和消化，并升华成他们自己的隐性知识。内化包含下列两个层面：一是须将显性知识变成具体措施而付之行动。换言之，在将显性知识的内隐化过程中，可针对策略、行动方案、创新或改善等方面研拟出实际的构想或实施办法；二是可利用模拟和实验等方式，帮助学员在虚拟情况下通过实习来掌握新观念或新方法。

以上四种不同的知识转化模式是一个有机的整体，它们都是组织知识创造过程中不可或缺的组成部分。总体上说，知识创造的动态过程可以被概括为：高度个人化的隐性知识通过共享化、概念化和系统化，在整个组织内部进行传播，才能被组织内部所有员工吸收和升华。

而在这个过程中，知识工程可以发挥非常重要的作用，系统场是最为直接、最为密切的联系。在这里，可以依托知识工程方法和手段，实现内外部各类知识的整合和分析，并提供高效的共享应用工具。在其他环节，知识工程同样可以发挥作用。知识管理或知识工程体系的建设和实践是一项系统工程，不仅需要提供一套软件工具，还涉及组织、流程、制度的建设，这些也为知识转化其他环节提供支撑，如在创发场促进共享制度的建设。

1.2.3.4 知识工程与 TRIZ

发明问题解决理论（TRIZ）是由苏联发明家阿奇舒勒（G. S. Altshuller）在 1946 年创立的，阿奇舒勒也被尊称为 TRIZ 之父。1946 年，阿奇舒勒在苏联里海海军的专利局工作，在处理世界各国著名的发明专利过程中，他总是考虑这样一个问题：当人们进行发明创造、解决技术难题时，是否有可遵循的科学方法和法则，从而能迅速地实现新的发明创造或解决技术难题呢？答案是肯定的！阿奇舒勒发现任何领域的产品改进、技术的变革、创新和生物系统一样，都存在产生、生长、成熟、衰老、灭亡，是有规律可循的。人们如果掌握了这些规律，就能主动地进行产品设计并能预测产品的未来趋势。以后数十年中，阿奇舒勒穷其毕生的精力致力于 TRIZ 理论的研究和完善。在他的引领下，苏联的研究机构、大学、企业组成了 TRIZ 的研究团体，分析了世界近 250 万份高水平的发明专利，总结出各种技术发展进化遵循的规律模式，以及解决各种技术矛盾和物理矛盾的创新原理和法则，建立一个由解决技术问题，实现技术创新的各种方法、算法组成的综合方法体系，并综合多学科领域的原理和法则，形成 TRIZ 方法体系，如图 1-11 所示。

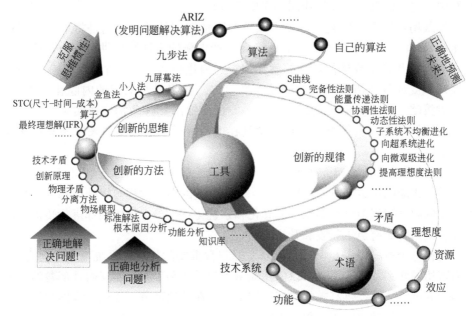

图 1-11　TRIZ 方法体系构成示意图

TRIZ 成功地揭示了创造发明的内在规律和原理，着力于澄清和强调系统中存在的矛盾，其目标是完全解决矛盾，获得最终的理想解。它不再采取折中或者妥协的做法，而是基于技术的发展演化规律研究整个设计与开发过程，也不再是随机的行为。实践证明，运用 TRIZ，可大大加快人们创造发明的进程而且能得到高质量的创新产品。

目前 TRIZ 广泛应用于工程技术领域，并已逐步向其他领域渗透和扩展，如建筑、微电子、化学、生物学、社会学、医疗、食品、商业及教育等领域[2,3]。韩国三星电子采用 TRIZ 取得了巨大成功。据统计，2003 年，三星电子采用 TRIZ 指导项目研发而节约相关成本 15 亿美元，同时通过在 67 个研发项目中运用 TRIZ 技术成功申请了 52 项专利。在美国的很多大企业，如波音、通用、克莱斯勒、摩托罗拉等的新产品开发中，TRIZ 也得到了应用，创造了可观的经济效益。2007 年中国政府将 TRIZ 作为技术创新的主要方法，纳入创新方法推广应用的长期规划当中，迄今为止，已经在数百家企业、数十家高校中开展了创新教育和实践，并培养了数千名创新工程师，取得了显著的创新成果，有效地推动了中国企业的能力升级和可持续发展。

TRIZ 作为一个高度凝练的知识体系，与知识工程有着天然的联系，举例如下。

（1）TRIZ 的创立和应用过程实际上正是知识工程过程的体现。我们回顾阿奇舒勒分析专利、挖掘创新规律的过程，可以发现这完全就是 DIKW 模型的一次实践。

D：专利文本原文；

I：提炼后，结构化的解决方案；

K：创新原理，技术系统进化规律；

W：依据进化规律规划产品发展，解决实际问题。

TRIZ 的发展之初，完全是阿奇舒勒通过他本人和团队人工完成知识挖掘，这是一项了不起的成就。但是如果是在具有海量信息和数据的今天，再以人工方式实现当年阿奇舒勒完成的工作显然是不现实的。正如 TRIZ 的进化路径要求控制手段的进化是从手工到机械再到自动化一样，创新的方法和工具在 AI 时代知识工程技术的支撑下，也将向着知识活动自动化、知识应用智能化的方向发展，以更好地满足用户在大数据时代对知识的要求以及对智能化应用的需求。

（2）TRIZ 的技术系统进化规律，适用于知识工程这个系统的发展。例如，TRIZ 进化路线中的动态性法则控制方法的进化路线，就是上面说的手工—机械—半自动—全自动的过程。又如，系统完备性进化法则、描述技术系统都会向着系统更加完备、减少人的参与的方向发展，而这正是人工智能系统出现和发展的原因。

（3）TRIZ 的解题模式，适用于知识工程的应用场景。TRIZ 的解题模式如图 1-12 所示，也是知识工程解决实际问题的模式，即将现实中的待解决问题抽象为 TRIZ 的问题模型，借助 TRIZ 工具找到解决方案模型，应用于现实场景中得到最终的实际方案。组织借助知识工程解决现实问题与之相同，都是通过抽象、类比来找参考方案，获得启发或借鉴后，再回到现实中来。也就是对知识的获取、综合应用，实现技术、产品或方案创新，即获得商业效果的过程。看似迂回绕路，实则获得了知识支撑，降低了难度，从成本、效果上是有显著优势的。

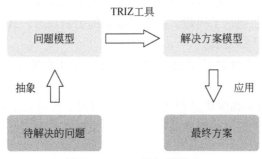

图 1-12　TRIZ 的解题模式

1.3　知识工程与 AI

从表现形式上看，首先要区分自动化和智能化的区别。

自动化是机器智能的实现手段，如可通过设置自动洗衣机的菜单让其按照一定的程序执行指令，这是典型的机器智能。

只有有生命的生物才有智能，智能尤其指人所具有的适应外界变化环境的适应能力。无源的无生命的物质，比如机器没有智能，或者说机器智能是人赋予机器的定时能力，而不是无生命物质的本身的能力。

从数学上看，自动化按照一个表达式来执行指令，这个表达式代表的是平均值。智能最典型的特征是对异常情况的判断及下意识的处理，体现的是对波动的处理能力。例如，Uber 的自动驾驶之所以称为自动驾驶而不是智能驾驶，是因为它虽然积累了几百万小时的驾驶数据，但是当出现异常的红色消防车时，它可能还是无法识别出来这个异常情况而进行有效的规避，采用的是平均值处理办法，即忽略这个异常，结果可能导致事故，而使其安全性广受质疑，直接影响了其自动驾驶业务的发展。

对于异常的处理意味着需要对异常进行更小粒度的分类，在每一个分类上再积累足够有效的数据进行平均运算，这个数据积累的过程，正如人类基因进化的过程，是一个漫长而痛苦的过程。

如果把人的直觉解释为基因这个庞大数据链的统计分析和预测结果，则通过不断积累数据并对数据进行精细分类，就可以实现类人的智慧。问题在于，硅基计算机的计算能力和存储能力，能否媲美人的基因携带和处理信息的能力，以及要达到这个目标所付出的代价能不能降低到商用的程度，这是一个目前还无法回答的问题。反之，如果假定直觉和智慧是只有人才具备的特殊能力，

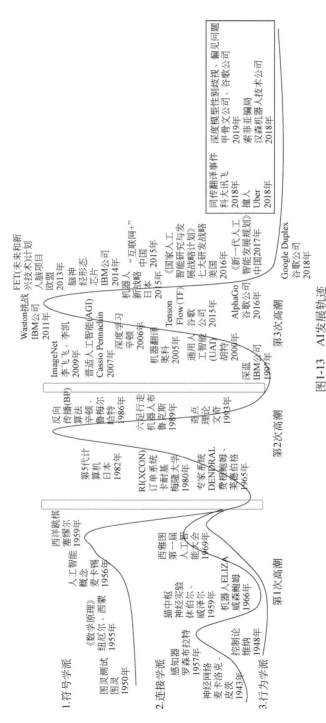

图1-13 AI发展轨迹

则硅基计算机无论如何也不可能实现人类的智慧。这时需要采用更加接近人的基础元件，构造出类似人的大脑结构，比如蛋白质或者碳基计算机，并期待这种新的单元在数量很大的时候，能够涌现出更高阶的模式，通过对这些模式的把握和设计，模拟人的直觉和智慧，从而能够真正进入 AI 时代。如此，AI 意味着需要颠覆现在计算机的理论基础和技术的物质基础，建立真正属于 AI 自己的新时代。

AI 的发展历程如图 1-13 所示，其中经历了 2 次低潮期。由深度学习和 AlphGo 引发的第三次 AI 高潮，到 2017 年达到高峰，从 2018 年下半年开始，随着众多 AI 造假事件的曝光，人们越来越看清这波 AI 的炒作，并没有解决 AI 的数学基础问题，而只是深度学习算法对现在硬件如 GPU（图形处理器）/TPU（张量单元处理器）的算力潜力的一种挖掘，因此，AI 的基本问题并没有解决。随着算法和算力潜力挖掘将尽，商业炒作的喧嚣将慢慢沉寂下来，人们会更加理性地看待 AI 的作用，并将它 5G、物联网等新技术融合在一起，开创 AI 新时代，并发展新业态，从而造就新的商业模式。

1.3.1　AI 和 AI 时代

从本性上看，人与动物的区别在于人能制造工具，并不断降低人自身付出体力和脑力劳动的强度。无论是猩猩还是大象，都能够使用一些简单的工具，如树枝、石头等来砸开坚果，但是动物从来没有形成过主动地制造工具、改造自然的本能。

如图 1-14 所示，人类通过自己的智慧和努力，不断提升制造工具的能力，通过技术的进步推动历史、时代的发展。18 世纪 60 年代人类开始了第一次工业革命，并创造了巨大的生产力，瓦特发明蒸汽机，人类进入"蒸汽时代"。100 多年后人类社会生产力发展又有一次重大飞跃，人们把这次变革叫作"第二次工业革命"，今天所使用的电灯、电话都是在这次变革中被发明出来的，人类由此进入"电气时代"。20 世纪 50 年代末，计算机的出现和逐步普及，把信息对整个社会的影响逐步提高到一种绝对重要的地位。信息量、信息传播的速度、信息处理的速度及应用信息的程度等都以几何级数的方式在增长，人类进入了信息时代。近几年，随着 AI、大数据等技术的发展，智能时代已悄然来临。

AI 是用来研究、开发用于模拟、延伸和扩展人的智能的理论、方法、技术及应用系统，是计算机科学的一个分支，通过了解智能的实质，并生产出一种新的能以人类智能相似的方式做出反应的智能机器，包括机器人、语言识别、图像识别、自然语言处理和专家系统等。

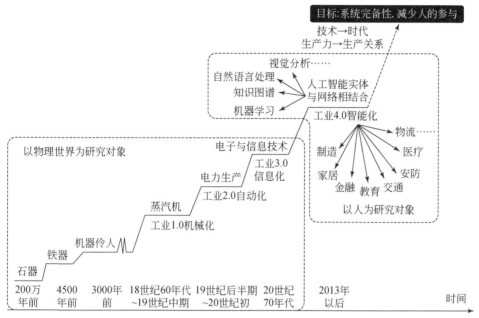

图 1-14　时代与技术发展演进

　　技术层面的 AI 包括很多方向或者技术，如机器学习[4]、知识图谱、自然语言处理等，但是能不能形成一个时代，主要决定于这些技术是不是对人们的生活产生了实质性的改变。例如，如果没有电力的照明和动力，没有汽车带来的运输和物流，我们无法想象人们如何生活，因为人们无法退回到农耕时代的一亩三分田的自给自足的生存形态。技术成为一个时代的特征，从本质上说是生产力对生产关系的决定作用。

　　从技术上讲，AI 有弱、强、超之分，如图 1-15 所示。

　　（1）弱人工智能，或者称为狭义人工智能（artificial narrow intelligence，ANI），指 AI 只能够在某一方面的人类工作上协助或者替代人类，多体现在感知能力和行动能力的替代上。前者如图像识别、语音交互等，后者与工业 1.0、工业 2.0 时代的目标并无本质差别。弱人工智能不具备全面复合、自我学习的能力，无法全面与人类智慧相比。在弱人工智能阶段，AI 依然具有高度的机器属性，AI 的程度受制于人类。在其自我学习与进化上，AI 同样主要由人类对其进行训练和修正。AI 依然高度从属于人类，依然是人类所创造出的工具。简而言之，AI 是一台机器，能给人类社会带来便利和效率提升，能代替人类做一些简单的、重复的脑力劳动，如家政服务、图像识别、网络应答、智能检索、工业制造、自动驾驶等。

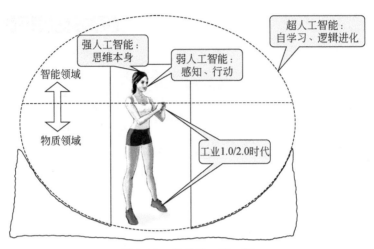

图 1-15　AI 的强、弱、超

（2）强人工智能，又称通用型人工智能（artificial general intelligence，AGI），是指 AI 具备强大的自我学习和自我适应能力，能够迅速地对外界环境进行适应和对新的领域进行自我学习，并进行相应的适应性判断和反应，这就是一部分思维能力的体现。由于通用型人工智能具备像人一样的普遍的自我学习能力，因此可以自我进化、自我修复、自我完善，并广泛适应从生产生活，到社会交际，乃至重大决策中各种传统需要自然人才能从事的领域。对于强人工智能何时能出现，目前有着比较大的分歧，最为乐观的观点是在 2020 年左右出现，而保守一些的观点认为在 2050 年左右出现。然而对于其是否出现，学术界和产业界普遍认为是确定无疑的。因此，我们今天正处于从弱人工智能向强人工智能转型的过渡时期。在强人工智能阶段，人们首先感受到的是 AI 更为强大和更为便利，任何设备只要接入了网络人工智能接口，都能够具备与人进行友好交流的能力，人们似乎享受到了无所不在的服务。

（3）超人工智能（artificial super intelligence，ASI）指的是远远超过人类智慧的 AI，有学者定义为远远超过人类智慧总体的 AI。超人工智能已经远远超过今天人们所能够实现的理解与想象，可以理解为人类创造出的一个既有强大的知识基础，又具备自我学习与逻辑进化能力的智能体。随着人类世界通过互联网连接上所有可连接的设备，超人工智能能够实现更快速、更全面的自我学习、自我修复、自我进化的循环。人类可以控制这样的类人体智能的起点，但其发展的方向和终点基本是无法预料的。对于这一时代到来的时间，还远没有定论，目前最为乐观的估计是在 2060 年左右。

弱人工智能和自动化的边界很难区分，只有程度区别，本质上还是系统的自动化。例如，停车场的智能车牌识别系统，以前叫作自动识别系统，配上扫码自动缴费功能，实现无人值守，的确带来了更多的方便。这就是 AI 给人的最直观的体验：能够替代一些重复性高、知识含量低、决策简单的人类行为。

如果说 AI 只停留在工具级，只追求对人的视觉、听觉、感觉的识别更精细化、行动更准确和降低伤害上，而不涉及思维本身，应该都是可以接受的。但是如果 AI 的目标是研究人的思维本身，模仿人的思维模式，并最终取代人进行思维，无论其是否符合人类伦理，它能否做得到就是个问题，因为这违背了哥德尔不完备性定理，也就是系统不能研究系统本身。例如，我们常说的医不自医、人脑无法研究人脑等，都是这个定理朴素的经验体现。

思维是个复杂系统，也就是任何细微的偏差都会导致完全不一样的系统，那么它就是一个完全不同的系统，这样的系统根本不是稳定的、可重复的，也就是无法研究的，所以到现在为止，复杂系统的研究并没有很好的方法论，或者说，建构在因果律上的现代科学体系，不适合研究复杂系统。一方面，把人的思维当作研究的目标本身违反了哥德尔不完备性定理；另一方面，超越哥德尔不完备性定理的未来的科学研究方法还没有出现，这就是 AI 美妙前景背后的风险所在。不是技术问题，而是人类的思想认识，还没有发展到可以支撑 AI 时代要求的程度。

在哲学上讲，直觉或者人的意向性思维，是不可以被复制的，没有重复性自然就无法进行采样研究。塞尔认为意向状态不是形式化的，没有一个具体的形式，而计算机的运算程序或物质是形式化的，是根据内容的需要确定的步骤和过程，是一个完全形式化的序列。

自然生物体不是机器，原因在于生物体具有意向性思维。大脑产生意向性的那种因果能力并不存在于计算机程序当中。

目前来看，AI 的瓶颈还是如何提高机器理解和执行抽象指令的能力，以及提升机器自主学习的能力。但要让计算机本身具有主动进化能力是很危险的，而且发展方向也是不确定的，这也许将给人类的生活带来翻天覆地的变化。机器拥有智能，现在经常在一些科幻电影中展现出来，揭示的是人类的伦理道德问题，即机器拥有了自主的情感和自我保护意识之后，与人类如何相处，人类又何去何从。

1.3.2　AI 时代的特点

AI 时代，描述的是一种人们生活的状态，是由 AI 技术得以广泛应用于工作、生活场景，大幅度改变人类生活方式的状态。

如前所述，我们认为当前，AI 机器可以替代人类进行一些复杂的高等运算，弥补了人脑的不足，克服了 AI 在工作时处理与储存上的局限性，延伸了人脑的意识活动，解放了部分人脑的思考任务，使人类可以解放以前传统的重复的脑力活动及相应的脑力工作。但是机器还不可能完全替代人脑，主要原因如下。

（1）机器与人脑本质的区别在于，它是一种无意识的机械活动的过程，而人类的意识是长久以来文明社会长期进化发展的产物，是人类在生理基础上的心理过程，是人类由情感、直觉、想象等一系列的精神活动所构成的精神世界。

（2）人类智能在执行任务和工作时，会考虑主观与客观的因素来进行决策与行动，这些因素可能是正面的促进因素，也可能是负面的影响因素，因为人类终究是社会的产物。而机器智能则是被动地接受一种逻辑指令来进行工作，它是无感情的，所以机器智能能够摒除那些对人类有负面影响的因素，它是稳定的、可重复的。

（3）机器可以在某些特定时间替代人的工作，但不可能完全超越人类，尤其在创造性上。人类从族群诞生的那天起就会使用工具，并通过工具来达到人类本身所不能完成的任务。人类应用工具、创造工具，就是为了使自身得到解放，如果机器超越了人类，人类是否能够得到解放，这个还是科学界的伦理争论焦点，我们暂且不考虑。就目前的科技水平而言，还处于弱人工智能阶段，机器只能模仿部分人类具体的、已有的思维方式，如下围棋的机器人 AlphaGo，当今世界最拟真的"狗"Boston Dog 等，它们也不能完全代替人类或动物自身的智能来进行主动思考。

当代的 AI 的特征主要包括以下几种。

（1）以人为本：由人设计，为人服务。AI 设计的目的是为人服务。在一些危险的工作场景中，机器的耐受力、执行力远高于人类，如水下机器人、灭火机器人、微创手术机器人等，可以此方式避免人类自身受到的伤害。为了实现这一目的，科学家和工程师们前赴后继，设计机器能够适当地决策、准确地行动，取得了一系列的成果，这些成果被全世界人类广为接受。随着时代发展和技术进步，更多的高深技术融入人类生活，AI 也逐渐走入普通百姓家。因此，AI 发展的目的，决定了它发展的方向、步骤、路径，相信在 AI 何去何从的关键决策场合，以人为本仍然是决策的最终依据。

（2）替代五官和四肢：感知和响应外部物质世界。AI 给世人最直接的感受就是便捷，以前人类必须适应机器交互的方式，如拖拽、点击、输入语言文字等这些烦琐的过程，现在喊一声、眨一眼，计算机就明白了，像霍金的轮椅一样，机器更多的是采用人类的方式来交互，能够"看""听""说"，因此人类的行为更自由、更自我。而且 AI 还能够替代人类的很多行动，如当今世界越来越多的智能工厂，其整个厂区实现无人化加工，最大限度地降低人工成本和人为失误，而生产的产品质量更稳定和优质、资源应用更环保、价格更低、物流更快等。因此，当代人类对 AI 感受最多的，就是替代了人类的五官和四肢，能够感知到外部世界，并且做出相应的行动。

（3）主动学习，适应外部环境的变化。对机器而言，适应能力就是一个优化过程。随着外部环境的变化，AI 设备都能优化、计算一个最合适的设置，使得系统的决策和行动处于最佳状态。和人脑的意向性直觉不一样，这里的自适应还是基于存储了足够多的数据，存储能力、运算能力带来的能够更快选择更佳路径的能力。

AI 是对人的智能行为的模拟而不是取代，是一种仿生算法，仿生算法也是一种典型的创新思维方法。AI 是兼具硬件和软件的机器设备综合能力的体现，有别于传统的纯物质、纯硬件产品，AI 产品看起来既软又硬，具有一定的适应能力，更像复杂系统中的自适应的 agent（主体），这是软件中记录了应对外界环境变化的大量策略导致的。所以，AI 中的智能，并不是机器自身产生的智能，而是机器以大数据为基础，拥有远超过人类的存储能力、运算能力，而带来的更强大的自适应能力。

1.3.3 知识工程是 AI 的基础

从层级上看，按照 DIKW 的划分，智能属于智慧（W）层级，比知识层级高一个级别。正如信息和知识一样，信息多未必知识就多，知识描述的是信息之间的关系。同样地，再多的知识未必有智能，那需要看有没有涌现效应出现。

一般地，寻找知识就是我们常用的寻找因果关系，以最简单为原则，实际上主要是一阶线性关系。但是智能讲的是非线性关系，多个维度的知识，也就是多个 y 和多个 x 之间，如果都是线性关系，那是一个机械的可预知的世界，没有智能。但是如果寻找智能，就要寻找这些线性关系背后的非线性条件，而很多非线性条件能不能达到共振，最后形成一个整体的状态跃迁，就跟原子状态跃迁到一个新能级一样。所以，知识和智能对世界的认识假设是不一样的，知识寻求可控的、稳定的统计状态，而智能寻求非线性的、不可控的异常新状态，尤其是这种状态可能代表着一种风险。

再多的知识未必有智慧，但是没有知识就一定没有智慧，因为智慧是知识的积累，量变才能引起质变，如没有加热水的这个量变过程，就不可能有水沸腾这个质变导致的蒸汽状态。DIKW 各层级的跃迁，如图 1-16 所示。

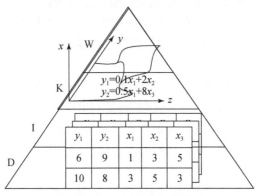

图 1-16　DIKW 各层级的跃迁

　　另外，我们谈知识工程，并不是单指 DIKW 中的 K 层，而是包括它的支撑 D–I 层，也包括了知识应用得到绩效的 W 层，这是一个完整的系统。没有数据和信息，也就是没有样本和参数，怎么可能有函数关系式呢？所以，当我们在说 AI 的时候，虽然关注的是 W 层，实际上构建时，需要的是从下往上的 DIKW 整个金字塔，没有坚实的知识基础，一定不会有智慧出现。

1.4　AI 时代的知识工程应用

　　智能时代的来临不再仅仅局限于科幻小说和科幻电影当中，它已悄无声息地来到我们身边。从 2016 年的 AlphaGo 一比四战胜李世石，到 2017 年完胜柯洁，从 Google、百度研发的无人驾驶汽车开始上路测试，到越来越多的停车场无人值守、自动管理和付费……仿佛一夜之间，AI 就无处不在，人类进入了一个新时代。

　　我们可能会与手持设备、家电设备、穿戴设备、机器人和无人车，以更自然的模态，如用语音、用手势，甚至用表情、用眼神等，在很多场景中进行互动，获取信息，并接受它们的服务。可以说，AI 时代改变了人机交互的方式，机器以人类更适应的方式，给我们精准的理解和服务。

　　AI 技术必然会对组织的知识工程产生影响，这一点已经被学者普遍认可。例如，唐晓波和李新星[5]指出 AI 会将知识服务由经验主义转为数据驱动，从而使服务主体更多元，内容更丰富；张兴旺[6]指出 AI 可能会重塑其传统的业务面貌，还可能会改变其获取→生产→认知→体验→推送的知识管理链条；邱均平和韩雷[7]指出，利用 AI 在知识工程和管理的应用是未来十年知识管理领域的一个重要趋势。那么，在当前的时代背景中，AI 如何影响组织的知识工程理念、组织的知识管理方式是否被颠覆、组织的知识支撑系统需如何应对，都是值得关注和研究的问题。

仍然回到前面提到的知识转化模型图 1-5 中，看看 AI 是如何对这四个过程产生影响的。例如，基于 AI 的相关技术能对社会化与内部化过程产生一定的影响。传统上，社会化主要是在已有的隐性知识基础上，通过个人之间的沟通、交流和对话产生新的隐性知识，如创新性的观点和想法。AI 虽然无法成为隐性知识的载体，但是其能够为个人之间的沟通提供一个更为便利的平台，如基于 AI 的人机交互系统的组织团队讨论，无论是线上还是线下，均能迅速识别个体的文本和语音，通过捕捉关键词和查找关键词语与关键问题相关的显性材料，为团队交流提供多源的信息渠道和知识基础。目前人机交互的发展已经不仅仅包括语音，还可以包括手势、眼球运动等。这种基于 AI 参与的知识分享和讨论，不仅促进了个体沟通的便利性，还能够提升个体隐性知识产生的效率。

除了同样在交流平台上提供便捷，AI 对显性知识的整合优势可能对于知识的内部化过程具有更突出的意义。为了提高学习的便利性和效率，基于自然语言生成的文本摘要、智能代理等工具对于内部化大有裨益。自然语言生成是基于一定的模板范式，能够自动地获取文本的摘要和提纲，而智能代理则通过定期收集信息或执行服务程序，在无须人工干预的情况下，根据用户定义的规则，自我学习并按照用户的兴趣来进行知识分发。因此类似自然语言生成的文本摘要、智能代理等工具将能大大改善个体对显性知识的获取和吸收，从而促进组织内部化的知识创造过程。

再来看知识创造的结合化过程，这是个体将现有的显性知识通过分析、加工、综合产生新的显性知识的过程。这种最为熟悉的知识创造过程，目前已由大数据和机器学习等方法和技术带来了巨大突破。基于大数据分析的 AI 和机器学习，能够从这些数据中产生新的重要知识。可以说，AI 已经对传统的结合化过程产生了重大变革。这种变革已经在营销和金融领域显现出来了。

总之，AI 时代的知识工程必然呈现出知识处理自动化、知识应用智能化、知识价值最大化的趋势，能够更深入地挖掘知识，能够提供更精准的理解与服务。之前在电影中才会出现的 AI 应用场景，已经逐步出现在现实生活中。AI 时代的知识工程已在路上。

2 AI 知识工程核心技术

2.1 知识采集

知识采集[8]又名知识获取、知识抽取，主要是为了进一步突出在这个过程中对知识的收集和分类。知识采集的范围非常广泛，从早期的从原始资料中采集知识，到中期的从知识素材中提炼规律性知识，到后期的通过实践检验和修正知识，经历着无数次周而复始的循环。

知识采集是建造专家系统的"瓶颈"问题，它是决定一个专家系统性能是否优越的主要因素，是开发专家系统的关键技术之一。知识采集的任务是从知识源抽取知识，并转化为计算机易于表达的形式，形成独立于推理机的知识库。为了加速知识采集的进程，人们开始从不同角度研制知识采集方法和工具。知识采集的研究和实践已有 30 多年的历史。回顾这段历史，不难发现，知识采集是一个非常困难的过程。目前，各国学者对此问题已经进行了深入的探索，所得到的答案不尽相同。

按照《知识管理 第 2 部分：术语》（GB/T 23703.2—2010）的定义，知识获取是组织从某种知识源中总结和抽取有价值的知识的活动，如从计算机无法处理的 pdf 或者图片形式，转变为可以编辑的文本形式的过程是将某种知识源中的信息抽取出来的增值活动。再如，按照业务的需求，对文本追加业务标签，分析文本中的对象和概念等是整个知识管理的前端活动，也是整个知识管理的出发点，所有知识的存储、加工、管理和应用，都是建立在获取的知识基础上。

知识获取的目标在于将产品、项目、员工、社会创造的知识，按照面向企业增值应用的方式有机地整合起来，对企业而言是构建企业核心智力资产，对员工而言，可以在正确的时间将正确的知识传递给正确的人，加速知识流动与共享，形成良性的知识生态。

知识获取的具体内容主要包括如下 3 个方面。

（1）确定知识资源梳理对象。知识资源按传统理论主要界定为显性知识和隐性知识两大类别，针对企业具体又可分为多种类型，如成果报告、试验数据、工艺规程、经验案例、专利、舆情等。

（2）确定知识资源获取途径及方法。根据不同的知识类型，如 web 资源、数据库、专业文献库等，确定相应的获取方式。

（3）确定知识模板。根据应用，确定知识体系和相应的模板，确定采集的属性和需要加工的属性，并确定相应的模板规范。

2.1.1　专家知识的获取

专家知识的获取[9]是知识管理项目成功的关键，所有的知识本质上是人的知识，主要是专家的知识。由于专家的知识在某种程度上是专家对某个领域的超前的直觉，源自人的意识，人的知识起源到现在为止尚没有定论，是一种复杂系统的涌现效应，无法预测也很难描述，这给专家知识的获取增添了困难。这也是专家系统发展困难的原因，因为永远无法找到足够合理的变量来描述专家对一个实物的认识。

专家在表达知识的过程中，往往存在表达不完整、表达太过于一般化或者特殊化等问题，专家们会有意或者无意地忽略一些重要的规则，表达时也会偏向口语化和领域化。这些问题会导致知识工程师与专家之间无法建立共同理解的先验概念和表达这些概念的共同语言，也限制了专家知识的自主表达。

专家访谈是获取专家知识的一种有效的方法。

首先要确定访谈的主题，这主要根据知识密集程度进行区分。知识密度是知识管理的基本指标，用来衡量完成一件知识工作所耗费的人力的多少。例如，如果一项研究搜集资料的时间是 10 小时，而进行另外一项研究收集有效资料的时间只需要 1 小时，那么前者的知识密度就更高，而知识管理的目标，就是降低这些需要大量人工处理的知识工作。总之，哪里人多，哪里进度慢、质量差，哪里的知识密度就高，哪里就更需要知识管理去解决这个薄弱环节。

其次是确定有代表性的专家。选择专家就是选择样本，需要保持样本的平衡性，以保证最终得到的结果具有公正性。跟一般消费者关于某件产品的消费体验的访谈不同，知识管理访谈的专家都是某一领域颇有建树的研究者，这种资源比一般的消费体验更难得到。

最后要确定访谈的形式。一般采用单独拜访的方式，就跟记者访问一样，把预先准备好的问题清单发给访问者，约好时间，然后进行专题访问。由于有时候文字表达知识是"苍白"的，而当面拜访可以了解专家的其他信息，如声音、语调、身体语言等，以得到专家对这个专题的真实见解。是否允许录像、录音，是否存在知识产权问题等，也需要在预约时确定清晰。

利益相关者也是专家的一部分，他们能够代表产品未来上下游的知识，一般采用工作坊的方式集中进行访谈。

2.1.2 爬虫技术

爬虫又称网络爬虫（web crawler），是在互联网上抓取信息的程序或者脚本，按照给定的规则，自动采集页面内容，以获取或更新这些网站的内容和检索方式。

传统爬虫从一个或若干初始网页的 URL（统一资源定位符）开始，获得初始网页上的 URL，在抓取网页的过程中，不断从当前页面上抽取新的 URL 放入队列，直到满足系统的一定停止条件。聚焦爬虫的工作流程较为复杂，需要根据一定的网页分析算法过滤与主题无关的链接，保留有用的链接并将其放入等待抓取的 URL 队列。然后，它将根据一定的搜索策略从队列中选择下一步要抓取的网页 URL，并重复上述过程，直到达到系统的某一条件时停止。另外，所有被爬虫抓取的网页将会被系统存储，进行一定的分析、过滤，并建立索引，以便之后的查询和检索；对于聚焦爬虫来说，这一过程所得到的分析结果还可能对以后的抓取过程给出反馈和指导。

分布、异构、动态和庞大的信息资源整合是爬虫技术的难点。近年来，网络以令人难以置信的速度发展，越来越多的机构、团体和个人在 web 上发布和查找信息和知识。但由于 web 上的信息资源有着分布、异构、动态和庞大等特点，网络上数据的信息接口和组织形式各不相同，并且 web 页面的复杂程度远远超过文本文档，人们要想找到自己想要的数据犹如大海捞针一般。

在爬虫的实现过程中，一个现实的问题是要克服反扒机制，一般开放的网站也具有一定的反扒能力，在现实中限制了知识的传播，但这也有积极的意义，即保护了知识产权。所以，在实际应用中需要在互联网公开免费的原则和知识产权保护的原则之间找到一个平衡点。

一个典型的爬虫实施路线如图 2-1 所示。

随着互联网的大力发展，互联网成为信息的主要载体，而如何在互联网中收集信息是互联网领域面临的一大挑战。从最早期的人工复制整理数据，到如今的基于云计算的大数据采集，网络爬虫技术应运而生，并且随着时代的推进和软硬

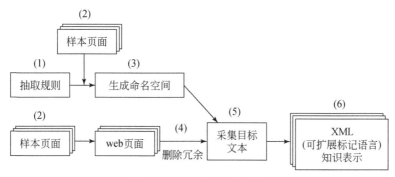

图 2-1 爬虫典型实施路线

件的不断发展，网络爬虫也在不断地进行技术革新。

网络爬虫技术是指网络数据的抓取，在网络中抓取数据是具有关联性的抓取，它就像是一只蜘蛛一样在互联网中爬来爬去，所以一般将其形象地称为网络爬虫技术。其中，网络爬虫也被称为网络机器人或者网络追逐者。下面将介绍网络爬虫的相关技术以及在知识建设中的应用。

2.1.2.1 网络爬虫技术的基本工作流程和基础架构

网络爬虫获取网页信息的方式和我们平时使用浏览器访问网页的工作原理是完全一样的，都是根据 HTTP（超文本传输协议）来获取，其流程主要包括如下步骤。

第一，连接 DNS（域名系统）服务器，将待抓取的 URL 进行域名解析；

第二，根据 HTTP，发送 HTTP 请求来获取网页内容。

一个完整的网络爬虫基础框架如图 2-2 所示。

整个架构共有如下过程。

（1）将需要抓取的种子 URL 列表，根据 URL 列表和相应的优先级，建立待抓取 URL 队列；

（2）根据待抓取 URL 队列的排序进行网页抓取；

（3）将获取的网页内容和信息下载到本地的网页库，并建立已抓取 URL 列表（用于去重和判断抓取的进程）；

（4）将已抓取的网页放入待抓取的 URL 队列中，进行循环抓取操作。

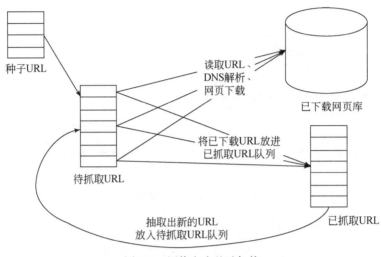

图 2-2　网络爬虫基础架构

2.1.2.2　网络爬虫的抓取策略

在爬虫系统中，待抓取的 URL 队列是很重要的一部分。待抓取的 URL 队列中的 URL 以什么样的顺序排列也是一个很重要的问题，因为这涉及先抓取哪个页面，后抓取哪个页面的问题。而决定这些 URL 排列顺序的方法，叫作抓取策略。下面重点介绍几种常见的抓取策略。

1. 深度优先遍历策略

深度优先遍历策略很好理解，其跟有向图中的深度优先遍历是一样的，因为网络本身就是一种图模型。深度优先遍历的思路是先从一个起始网页开始抓取，然后根据链接一个一个的逐级进行抓取，直到不能再深入抓取为止，返回上一级网页继续跟踪链接。深度优先遍历的应用实例如图 2-3 所示。

深度优先遍历的结果为

V1→V2 →V4 →V8→ V5→ V3→ V6 →V7

2. 广度优先遍历策略

广度优先遍历和深度优先遍历的工作方式正好是相对的，其思想为：将新下载网页中发现的链接直接插入待抓取的 URL 队列的末尾。也就是说网络爬虫会先抓取起始网页中链接的所有网页，然后再选择其中的一个链接网页，继续抓取在此网页中链接的所有网页。广度优先遍历的应用实例如图 2-4 所示。

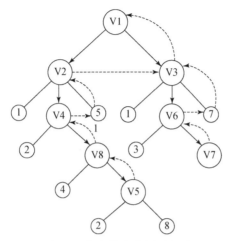

图 2-3　深度优先遍历示意图

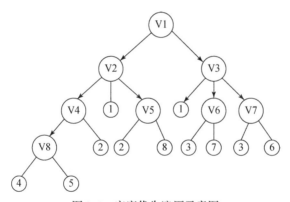

图 2-4　广度优先遍历示意图

图 2-4 为有向图的广度优先遍历流程图，其遍历的结果为

V1→V2 →V3 →V4→ V5→ V6→ V7 →V8

从树的结构看，图的广度优先遍历就是树的层次遍历。

3. 大站优先策略

对于待抓取的 URL 队列中的所有网页，根据所属的网站进行分类。对待下载页面数多的网站优先下载。这个策略也因此叫作大站优先策略。

4. Partial PageRank 策略

Partial PageRank 策略借鉴了 PageRank 算法的思想：对已经下载的网页，连同待抓取的 URL 队列中的 URL，形成网页集合，计算每个页面的 PageRank 值，计算完之后，将待抓取 URL 队列中的 URL 按照 PageRank 值的大小排列，并按照该顺序抓取页面。

如果每次抓取一个页面，就重新计算 PageRank 值，一种折中方案是：每抓取 K 个页面后，重新计算一次 PageRank 值。但是这种情况还会有一个问题：已经下载的页面中分析出的链接，即之前提到的未知网页那一部分，暂时是没有 PageRank 值的。为了解决这个问题，会给这些页面一个临时的 PageRank 值：将这个网页所有入链传递进来的 PageRank 值进行汇总，这样就形成了该未知页面的 PageRank 值，从而参与排序。

5. OPIC 策略

OPIC（online page importance computation，在线页面重要性计算）策略实际上是对页面进行重要性打分。在算法开始前，给所有页面一个相同的初始现金（cash）。当下载了某个页面 P 之后，将 P 的现金分摊给所有从 P 中分析出的链接，并且将 P 的现金清空。对待抓取的 URL 队列中的所有页面按照现金数进行排序。

2.1.2.3　网络爬虫的更新策略

互联网是实时变化的，具有很强的动态性。网页更新策略主要是决定何时更新之前已经下载过的页面。常见的更新策略有以下两种。

1. 历史参考策略

顾名思义，根据页面以往的历史更新数据，预测该页面未来何时会发生变化。一般来说是通过泊松过程进行建模并预测。

2. 聚类抽样策略

前面提到的更新策略有一个前提：需要网页的历史信息。这样就存在两个问题：第一，系统要是为每个系统保存多个版本的历史信息，无疑增加了很多的系统负担；第二，要是新的网页完全没有历史信息，就无法确定更新策略。

这种策略认为，网页具有很多属性，属性类似的网页可以认为其更新频率也是类似的。要计算某一个类别网页的更新频率，只需要对这一类网页抽样，以它们的更新周期作为整个类别的更新周期。网络爬虫更新策略的基本思路如图 2-5 所示。

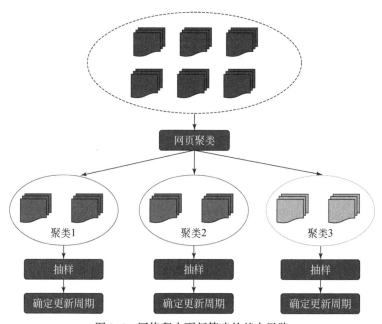

图 2-5 网络爬虫更新策略的基本思路

2.1.2.4 分布式抓取系统结构

一般来说，抓取系统需要面对的是整个互联网上数以亿计的网页。单个抓取程序不可能完成这样的任务。往往需要多个抓取程序一起处理。一般来说抓取系统往往是一个分布式的三层结构，如图 2-6 所示。

右侧是全球分布式数据中心。左侧为抓取系统的结构，最下一层是分布在不同地理位置的几个数据中心，在每个数据中心里有若干台抓取服务器，而每台抓取服务器上可能部署了若干套爬虫程序。这就构成了一个基本的分布式抓取系统。

对于一个数据中心内的不同抓取服务器，协同工作的方式有几种。

1. 主从式

主从式（Master–Slave）基本结构如图 2-7 所示。

对于主从式而言，有一台专门的 Master 服务器来维护待抓取的 URL 队列，它负责将每个 URL 分发到不同的 Slave 服务器，而 Slave 服务器则负责实际的网页下

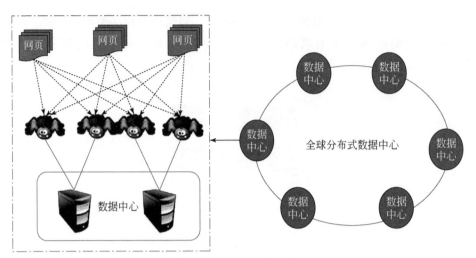

图 2-6　分布式爬虫架构

载工作。Master 服务器除了维护待抓取的 URL 队列以及分发 URL 之外，还要负责调解各个 Slave 服务器的负载情况，以免某些 Slave 服务器过于清闲或者劳累。

这种模式下，Master 往往容易成为系统瓶颈。

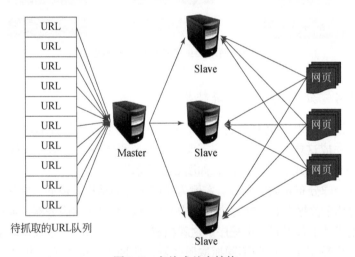

图 2-7　主从式基本结构

2. 对等式

对等式（Peer to Peer）的基本结构如图 2-8 所示。

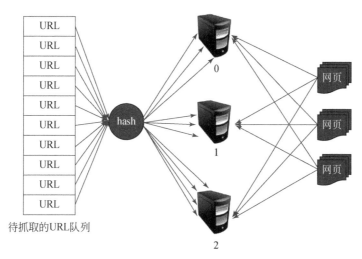

图 2-8 对等式基本结构

在这种模式下，所有的抓取服务器在分工上没有不同。每一台抓取服务器都可以从待抓取的 URL 队列中获取 URL，然后获得该 URL 的主域名的 hash 值 H，再计算 H MOD m（其中 m 是服务器的数量，以图 2-8 为例，m 为 3），计算得到的数就是处理该 URL 的主机编号。

举例：假设对于 URL www.baidu.com，计算其 hash 值 $H = 8$，$m = 3$，则 H MOD $m = 2$，因此由编号为 2 的服务器进行该链接的抓取。假设这时是 0 号服务器拿到这个 URL，那么它将该 URL 转给服务器 2，由服务器 2 进行抓取。

这种模式有一个问题，当有一台服务器死机或者添加新的服务器，那么所有 URL 的哈希求余的结果就都要变化。也就是说，这种方式的扩展性不佳。针对这种情况，又有一种改进方案被提出来。这种改进的方案是通过一致性哈希法来确定服务器分工。其基本结构如图 2-9 所示。

一致性哈希法将 URL 的主域名进行哈希运算，映射为一个范围在 0 ~ 232 的某个数。而将这个范围平均分配给 m 台服务器，根据 URL 主域名哈希运算的值所处的范围判断是哪台服务器来进行抓取。

如果某一台服务器出现问题，那么本该由该服务器负责的网页则按照顺时针顺延，由下一台服务器进行抓取。这样的话，即使某台服务器出现问题，也不会影响其他的工作。

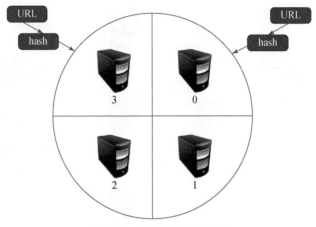

图 2-9　对等式的改进结构

2.2　知 识 挖 掘

跟产品加工一样，知识加工就是将采集到的以文本、图片、数据等为载体的原材料，通过一系列类似机床生产的文本处理过程，加工成人们现实中可以直接消费的知识产品，目的是节省人们消费知识的成本。例如，人们想知道塔里木盆地二级构造面积有多大，即使专业人员要找到这个答案也不容易，这就是消费这项知识的成本，而采用智能问答只需要对着手机问一声答案就出来了，这就是知识加工给人们消费知识带来的增值。

知识加工从知识需求出发，一般包括如下几个步骤。

1. 理解知识的应用需求

这是面向应用、以终为始的梳理知识的思维方法，理解知识需求最好的方式就是现场体验，知识是人对世界的一种规律性认识和体验，本质上是通过感知获取外界信息然后在人脑中升华的结果，因此理解需求最好的方法就是回到知识产生的现实源头，激发人的丰富的感觉体验，践行实践出真知的理念。

2. 知识抽象→构造语义模型

在理解的基础上，对应用的需求进行总结，体现为一套应用的知识体系。知识体系一般是个分层结构，不同层次代表人们对实物和应用不同的抽象粒度的需求，层次性是认识这个复杂系统的基本结构。

对知识进行抽象，就是建立知识的语义模型，确立知识产品的最终展现形式，一般是指对知识的静态的多维度描述，跟物质产品的静态参数一样，如一台车的静态质量、尺寸等。

从静态特性上看，知识和信息很难区分，现实中会以是否采集得来还是通过挖掘得来区分知识和信息，也就是以是否承载应用价值来区分知识和信息，但是这些原则都不是定论。

知识和信息最重要的区别是知识的动态性，也就是说，知识的根本目的是从"知"到"识"的动态过程，"知"的过程本质上就是信息过程，表现为结构化、表单式的描述，而"识"是"辨识""认识""识别"的过程，"识"必然有认识的对象，也就是说知识是一个由此及彼的关联过程，"识"是一个应用知识、寻找规律、增加价值的动态过程。在数学描述上，信息用矩阵、表等二维结构描述，而知识用图、分层结构、关联等来描述。知识的"知"是对信息的继承，而"识"是对信息的发扬、应用和创造。

抽象的结果就是形成概念，概念是对一类结构的共性描述，在数学上就是集合，在软件里就是类。概念体系是对一个领域知识的抽象描述，相当于对这个领域规律的代数表达式，如 $F=ma$，这里的 F、m、a 都是抽象的概念，而这个关系就是知识，它表达了不同 m 之间的关联，知识是人类对自然规律的共性认识。

3. 联想→构造知识关联

按照本体理论，这就是建立关系，赋予知识动态特性。将知识与其他已掌握的知识联系起来思考，站在更多的角度去看待知识，修正知识体系。

按照神经网络的认识，认识本身就是无数节点关联的整体涌现特征，就是跟温度是大量粒子运动涌现出来的集合特征一样。

4. 采用合适的方法加工

榔头和扳手作为工具有不同的作用，知识加工的工具如规则方法、统计方法、深度学习方法等，对于知识的最终形成也具有不同的作用，仔细区别这些不同方法对知识的作用，找到最佳的加工工具组合，形成符合实际的知识加工技术路线，是知识加工中最有挑战的部分。

5. 结果评估→知识创新

知识加工的最终目的是增值，也就是创新，发现超越现有认识的新知识，体现出知识的时间特性。知识的时间特性意味着随着时间的推移，随着被大众接受的范围的扩大，知识的含金量会不断降低，知识最终变成常识，这就是知识从生到死的生命周期过程。比如万有引力，在牛顿时代是知识，但是现在已经变成了常识，虽然像超距作用还是无法解释，但是人们已经不关心这些内容了，万有引力这个知识已经"死"了，人们更关心是什么样的新知识会取代它，于是相对论应运而生，成为新的知识；当只有少数人能懂的相对论变成高中课程、当激光成为像空气一样的消费品之后，相对论又由知识变成了常识，完成了它的生命周期，这时候黑洞理论、时间简史又成为新的知识。

2.2.1 机器学习

机器学习自从 1949 年赫布（Hebb）提出学习规则以来，经历了艰苦曲折的发展过程，每个大师在转折点上做出的贡献如图 2-10 所示。

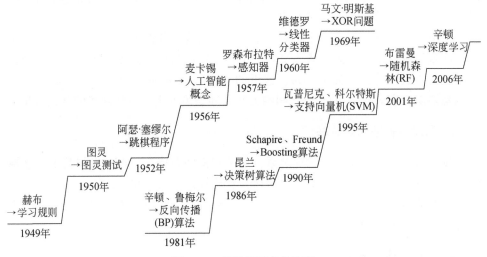

图 2-10　机器学习事件轮廓

从机器学习的发展中可以看出，机器学习实际上是人工智能的早期阶段，在 1956 年之后，机器学习和人工智能就已经并轨，现在我们再讲机器学习时，一般会偏重机器的物质特征，而人工智能更偏重人的思维层面，一个重物质一个重意识，这就是两者之间的细微差别。

机器学习是相对于人类学习而言的，不仅是计算机，任何人造工业品如机床、消费品等，都可以像人一样学习，也就是模仿人从无知到有知识、从对世界一无所知到认识不断加深的过程，像人把知识存储在人脑中一样，机器把它学到的知识存储在它的大脑——如一块存储芯片中，从而机器像人一样可以适应环境而生存，最终的目标是机器通过学习能够代替真实的人从事那些重复的、烦琐的工作，从而把人从大量的烦琐的劳动中解放出来，充分释放人的智能资源。虽然这样的理想还存在很多问题，但是机器学习已经极大地提高了人们的生活质量，如模仿人洗衣并记录人洗衣过程的自动洗衣机，已经节省了人们洗衣的时间。

狭义地讲，机器学习是计算机主动学习、自动纠错行为的一种主动过程，尤其指采用统计算法学习获得知识的过程。机器学习与人工智能有很多相通之处，应用的例子也是类似，如自动驾驶、人脸识别、语音识别、机器翻译、共享汽车、网络搜索等。机器学习的基本前提是构建可以接收大量数据的算法，然后使用统计分析来提供既合理又准确的结果。

未来的机器学习有两个方向，要么颠覆统计，要么增大统计的样本数量。这也是机器学习对人的学习过程模仿的结果。如果认为人的直觉是一种无法依靠统计获得，且只有人类才具有的本能，则机器学习发展的方向是颠覆统计，寻找不依靠统计的直觉数学方法；如果认为人的直觉是保存在基因里的关于人的历史记录数据的统计结果，则机器学习发展的方向就是不断地累积大量的数据，然后采用高效的统计算法来获得知识。这两种趋势现在都在蓬勃的发展之中。

机器学习十大算法有很多版本，在以下这个集合中任意选择10种，就可以构成机器学习的十大算法。

(1) 决策树（decision trees）。

(2) 朴素贝叶斯分类（naive Bayesian classification）。

(3) 最小二乘法（ordinary least squares regression）。

(4) 逻辑回归（logistic regression）。

(5) 支持向量机（support vector machine，SVM）。

(6) 集成方法（ensemble methods）。

(7) 聚类算法（clustering algorithms）。

(8) 主成分分析（principal component analysis，PCA）。

(9) 奇异值分解（singular value decomposition，SVD）。

(10) 独立成分分析（independent component analysis，ICA）。

(11) 随机森林算法。

(12) K近邻算法。

(13) K均值算法。

(14) 神经网络算法。

(15) 马尔可夫算法。

2.2.2 知识图谱

知识图谱（knowledge graph）虽然是 2012 年谷歌公司发布的，但是在它之前，知识图谱已经有很多版本，最早可追溯到哲学家巴门尼德的存在论，也就是本体，直到 1993 年汤姆·格鲁伯将本体引入计算机领域，以后又有语义网、知识地图[10]、开放链接数据（LOD）等几个版本，最终才形成现在的知识图谱。知识图谱的演化路径如图 2-11 所示。

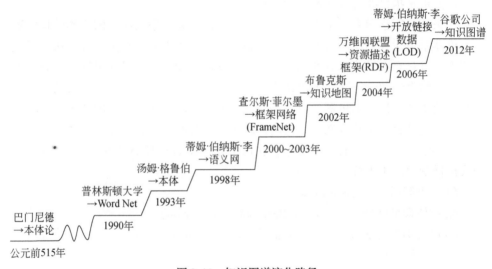

图 2-11　知识图谱演化路径

知识图谱是 knowledge graph 的中文翻译，但显然中文比英文多一层"谱"的意思，这意味着在中文解释中，仅仅用"图"不能完全表达我们的思维指向，而"图"+"谱"，也就是关联+排序、结构+数量才是中文的准确思维模式。通过"图"的关联构造计算网络，如神经网络或者深度学习模型，然后在"图"的基础上进行计算，所谓的基于知识图谱的计算，正成为中文智能问答的核心技术。比如问孤岛油田有多少口井，从管理的层级上讲，孤岛油田并不直接管理井，是开发单元管理井，因此孤岛油田是通过开发单元这个隐含层来计算井的数量的，如此，从孤岛油田到井形成了一个树形网络，这就是分层的全连接的深度学习模型，也就是实体图谱；但是这里并不是要这个实体关联图，而是要回答一个准确的数量，也就是先通过图建立模型，然后通过统计得到最后的数字也就是"谱"，这种"数形"结合的应用变得越来越普遍，数与形不分，是中国人的思维偏好。

知识图谱根据实际应用的不同，一般分为概念图谱和实体图谱（或称实例图谱）两部分，比如谷歌、百度这些公共平台建立的公用知识图谱偏重于实体图谱，而领域应用一般偏重于概念图谱+实体图谱，这是由于领域建构在共性的认识对象和共性的认识基础之上，这个共性就是概念的另一种说法。

图论是知识图谱的理论基础，基本思想是将异构异源的数据通过图的基本要素点和线统一起来，形成统一的图数据结构，然后在知识图谱基础上构建应用。

从知识图谱的演进路线看，未来的知识图谱将向多维度、多层次、由虚到实的方向发展，正在发展中的知识超网络和知识超图，以及虚实结合在一起的数字孪生体，将是未来知识图谱发展的方向。

知识图谱构建[11]的技术路线如图 2-12 所示。知识图谱和一般文本挖掘不同，知识图谱尤其关注文本中的表格信息，因为表格的表头代表语义关系，而记录代表实体关系，这会降低人工检验的难度，因为只需要检查表头。

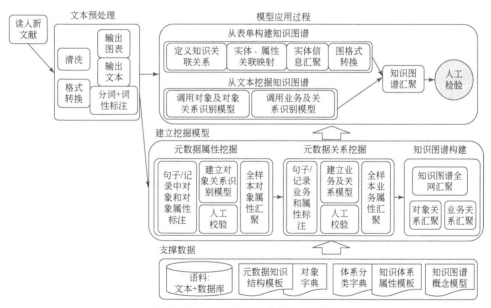

图 2-12 知识图谱构建的技术路线

图 2-13 是一个石油领域勘探开发业务的概念图谱，其中有些是树形结构有些是中心网状结构，传统结构化数据主要研究树形结构数据，也就是序列数据。但是真实的业务一般都是相互关联在一起的，也就是网状业务，因此传统的线性序列数学模型无法描述真实业务，对业务进行抽象的数学基础需要从代数论升级为图论，

所以知识图谱也是随着信息化知识化的深入应用，自然而然地发展出来的。

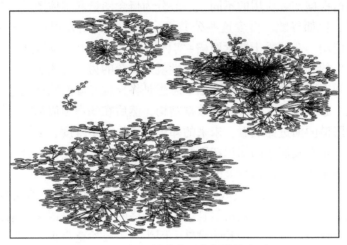

图 2-13 知识图谱在石化领域的应用

网状的概念图谱相当于抽象的代数模型，或者相当于系统论中的动力学模型，描述人们思维中对整个业务的抽象认识。而实例图谱是现实中对抽象模型的实例化。抽象模型可以等效为抽象表达式、网状表头、类结构，则实例图谱对应着样本数据、网状表项、类实例。

概念图谱[12]和实例图谱是相互印证相互支撑的，借用假设检验的思想，概念图谱类比于假设，而实例图谱类比于检验，概念图谱假定的关系的有无和强弱，需要得到实例图谱的验证，否则假设就是不合理的，是一种伪假设，不是真知识，因为知识是经过验证的共同的信念（a justified common belief）。

所有图谱建设的最终的目的是为了实现抽象领域的概念图谱，实现由此及彼的推理，就像所有数学分析的目的，都是通过样本得到一个抽象的表达式，实现由这个表达式得到的计算推理。这个抽象的表达式才是知识，而那些样本数据只是素材和记录，是数据和信息，不是知识。图谱的推理和计算，都是在概念图谱上进行的。

图 2-14 是一个用于乳品行业生产的工厂知识图谱，它将生产中的人机料法环测等生产要素有机地关联在一起，形成整个生产的总体场景。在实际生产应用中，如能量优化、预测等，需要从图谱上截取一截线段进行应用。而如果是质量追溯的应用，就完全是图谱的最短路径算法。这种生产上图谱总分应用的模式，已经突破了零碎的、片面的生产流程改进的误区，可以在生产的上层和下层之间，建立起全局和部分的有机联系。

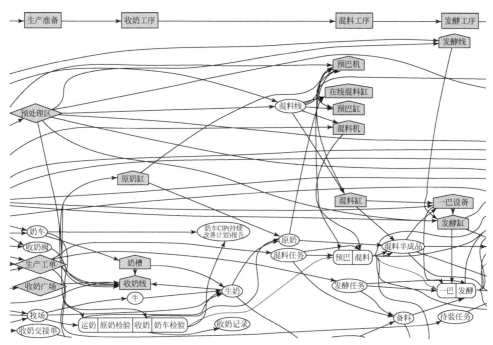

图2-14　乳品行业生产图谱的一部分

在图谱上构建应用的统一数学模型如图2-15所示，这里把上层的、高层的目标作为变分函数Y，而把下层流程环节上的流程参数分布$f(x)$作为变量，在上层和下层之间建立起对应变分方程，把上层和下层关联的机理理解为寻找最优分布$f(x)$的优化过程，跟图2-16（b）中求最速降线的过程一样。

图2-16（c）中，产品开发中上层指标成本J和缺陷分布$f(x)$之间构成一个变分关系，最佳的$f(x)$要满足瑞利分布，如果偏离瑞利分布，则整个产品开发或者项目实施的成本将急剧上升。这种惨痛的教训，世界级大公司基本上都遇到过，而正是这些公司总结出来了这个可以被称为流程中心极限定理的瑞利缺陷分布规律，可以拿它来指导产品开发，通过流程控制，在需求阶段和开发阶段尽量充分地暴露问题，如果发现缺陷越早，那产品在市场上的良好表现就越能保证，也就越能实现最小的成本控制。

总之，通过知识图谱将不同层次的目标关联在一起，通过最小化的数学机理实现参数优化，这样就把知识图谱中关于图的部分和企业目标中关于数的部分有机地整合在一起，从业务和数学两方面对知识图谱进行理解和应用，将极大地扩展知识图谱应用的深度和广度。

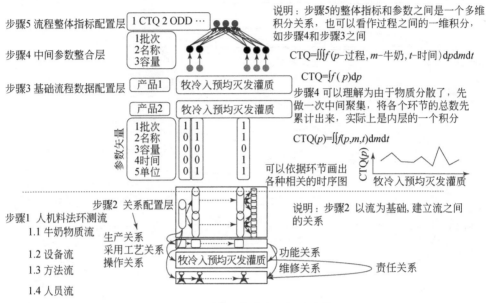

图 2-15　在图谱上构建应用的变分模型

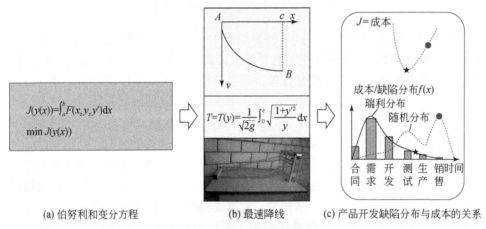

(a) 伯努利和变分方程　　　　(b) 最速降线　　(c) 产品开发缺陷分布与成本的关系

图 2-16　变分思想的发展和应用

2.2.3　自然语言处理

自然语言处理[13]泛指大自然的语言处理成非自然的语言，比如人说话、动物咆哮等是大自然赋予的能力，把声音记录为文字或者符号，就是最早的自然原因语言处理技术，这就是人类发明的文字。

现在的自然语言处理，主要指将文字符号所承载的内容，转变成计算机能理解的0101这种非自然语言，也就是通过计算机语言，搭建自然语言与人的理解之间的桥梁。不说话的山水或者建筑也是一种自然语言，不是声音而是视觉或图像的表达方式，因此图像处理也属于自然语言处理的范畴，所以图像搜索和文本搜索是搜索的两种主要类型。

自然语言处理的理论主要有语法学派和语义学派。语法学派注重语言本身的规律，重视虚词的作用，也就是重视纸面上文字表达的学问；而语义学派看重语言的实际功用，人的认识有一个物质基准，它指向纸背后的现实场景，用一种类似用手可以触摸的真实感来认识语言，认识语言文字背后的物质属性。语言学更强调语言的用途，在实际中和语义学一般不区分。

自然语言处理的历史如图2-17所示，中间英雄辈出，现在AI时代的主流技术是深度学习。自然语言处理术语抽象层面的语义分析和理解，相比于图像识别和语音识别，自然语言处理更困难，因为理解有歧义。而对于一只猫的图片，全世界所有人基本上都能认识是张猫的图片。这意味着大家对图像容易达成一致的认识。

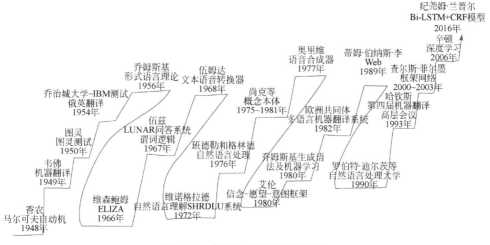

图2-17 自然语言处理历史轨迹

虽然自然语言处理方法很多，但只完成分类和命名实体识别（named entity recognization，NER）两个任务。分类是从整体和全局上对一段文字进行类别判断，这是从外往内的视角；对象识别是从一段文字中间抽出其中的关心的部分，是从内往外的视角。如果最后自然语言处理只保留一种方法的话，就是分类，所有自然语言处理都可以通过分类来实现，如 NER，可以等效为通过上下文构造新的句子，然后对新的句子语料进行分类而实现。

常见的分类是对文本分类，文本可能是一篇 300 页的专业文献，也可能是一段描述抱怨的短文本，还有可能是简短的标题。没有统一的方法来处理所有这些不同粒度文本的分类问题，每种方法都有对分类这个任务的基本假定，而这个假定未必是正确的。比如以词频为依据进行的全文分类，对一般文献而言，我们认为出现的词越多，则取这个词属类的概率越大。问题在于，专业文献的类一般是由出现次数很少的几个专业术语决定的，而不是由出现次数很多的通用词汇决定的。因此，根据词频进行专业分类是不可取的。

对于建立模型进行统计分类方法来说，语言模型只能处理句子，段落或者整篇文本是无法建立模型的。例如，FrameNet 试图对整个文本进行语义标注，实际上这个工作开展不下去，因为篇章级的自然语言处理模型理论上还不成熟。

考虑到人们写文章都需要认真归纳出一个标题这个事实，在分类中，标题所代表的类是最重要的，而标题一般是句子级可以采用模型处理的粒度，因此可以采用语言模型进行自然语言处理；在人们写文章的时候，人们也会认真地仔细斟酌一个简明扼要的摘要，这表明在整个文献结构中，摘要是次之标题的段落文本，而摘要一般只有三四句话，因此，如果将摘要作为多句子进行自然语言处理，也能很大程度代表作者的意图；至于正文本身，有很多是背景描述、过去成果展示，真正有意义的内容可能只占一少部分，正文在分类中的重要度是最低的。上面这个对人们写文章过程的回溯表明，现实中的分类是按照标题→摘要→正文的重要度进行排序的一个金字塔结构，而不是泛泛地具有唯一性的一个分类，而通过对这个过程的解构，我们就可以构建依据现有自然语言处理理论成果进行处理的分类方法。

按照以上思路构建的一个典型的非结构化文本的多层次知识挖掘技术路线如图 2-18 所示。

采用基于规则+统计的分层自动标引技术进行文本挖掘，是一种常用的策略，主要步骤如下：

（1）对输入文本进行格式转换，如 pdf→txt，然后进行清洗，去掉篇眉篇尾，改正错字等，得到一篇干净顺畅的正文文本。pdf→txt 转换是一件比较困难的事情，关键是因为光学字符识别（OCR）中版面分析的情况比较复杂，至今为止还没有发现一款适应性很好的 OCR 产品，尤其是专业的 OCR，需自己准备语料重新计算模型。比如铅印字、专业术语、特殊字符的识别，需要做针对性的强化学习，才能满足工程的要求。因此，OCR 作为自然语言处理的原材料输入，它的好坏又直接决定了后面的加工效果。尤其在专业领域，很多文献都是以 pdf、图

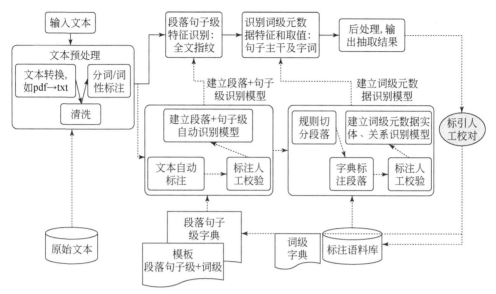

图 2-18 非结构化文本自动标引以及自动挖掘技术路线

片或者纸质保存的，需要 OCR 的工作量就很大。

（2）对文本进行分词[14]和词性标注处理。一般先采用开源分词模块进行分词和词性标注，通过校验，得到适合专用场景的分词和词性标注语料；当达到一定量级后，采用 CRF 算法或者 LSTM+CRF 算法建立分词模型，实现领域分词[15,16]。

（3）标引分为段落句子级和词级两种类型。全文指纹一般指段落+句子级，句子主干和字词都属于一个句子以内的部分，句子主干类似于短语，因此将句子主干和字词标引作为一种类型。

（4）以句子为单位的标引，主要采用规则方法，通过建立标引特征词字典，识别句子级特征。标引特征词可以在句子级上建立识别模型。

（5）建立词级元数据识别模型。首先建立单个的实体识别模型，然后建立实体之间的关系识别模型。

（6）实现实体和实体之间的关系识别，需要按句子建立实体和实体关系的标注语料。标注的方法以字典为基础进行规则标注，通过校验，得到正确的标注语料。

（7）对已经标注的语料建议使用自动识别的统计模型，在规模比较大时需要采用深度学习技术。

（8）所有经过人工检验的数据再返回到字典和语料库中，完成自动挖掘的工程循环。

2.2.4　深度学习

深度学习是机器学习的一部分，其发展轨迹如图 2-19 所示。

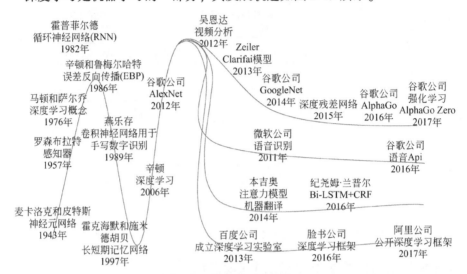

图 2-19　深度学习发展轨迹

从广义上说深度学习的网络结构也是多层神经网络的一种。

传统意义上的多层神经网络只有输入层、隐藏层、输出层。其中隐藏层的层数根据需要而定，没有明确的理论推导来说明到底多少层合适。

而深度学习中最著名的卷积神经网络（CNN），在原来多层神经网络的基础上，加入了特征学习部分，这部分是模仿人脑对信号处理上的分级的。具体操作就是在原来的全连接的层前面加入了部分连接的卷积层与降维层，而且加入的是一个层级。

简单来说，多层神经网络做的步骤是特征映射，特征是人工挑选。

而深度学习的步骤是信号→特征→值，特征由网络自己选择。

一般的深度学习模式如下。

将能够取得的数据进行矢量化，作为深度学习的参数输入。实际中输入的向量维度一般都高达几千维。比如餐饮行业，考虑原料、人员、时间段这些因素，至少 2000 维。

深度学习基本思想如图 2-20 所示，较之传统的统计学习，最大变化在于隐含层，它能发现那些难以言语的模式或者参数。传统的学习可以用决定论来解释，也就是说预先知道是由哪些可以准确命名的因素决定的，比如已知天气、节日、季节的影响，但是一群人喜欢做某件事情的模式，很难有一个已知名称的参数来定量描述，这就需要深度学习发挥其发现抽象层次的能力，将这些难以言说的模式发掘出来，作为传统意义上的特征使用。

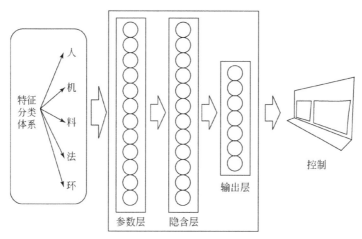

图 2-20　深度学习基本思想

生成式对抗网络（generative adversarial networks，GAN）在样本量较小的情况下能产生大量的伪样本以作为训练的负例数据，可以有效克服样本有限的问题，在图像识别中应用广泛，但是在自然语言处理中应用较少，因为依据没有说过的话，很难判定未来人们就不会这么说。

常用的深度学习模型如图 2-21 所示。

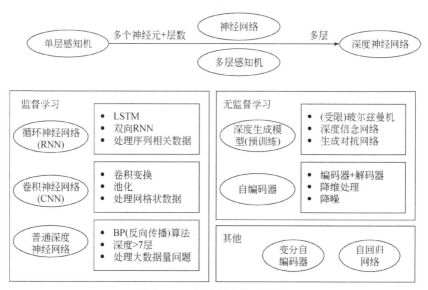

图 2-21　各种深度学习模型

2.3 知识存储

知识存储是知识管理的基础，根据知识的形态不同采用不同的存储方式。

对于非结构数据采用 MongoDB 进行存储；对于结构固定的数据，采用关系型数据库（如 MySQL）进行存储；对于那些需要不断扩展的关联数据，采用图数据库进行存储。

从数量上看，3 种形式的数据库形成一个金字塔结构，这与 DIKW 金字塔中的 DIK 三部分正好形成对应，如图 2-22 所示。

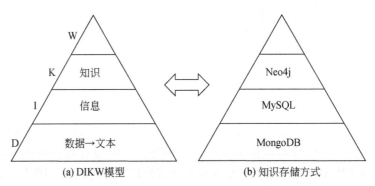

图 2-22　DIKW 模型和知识存储方式对应关系

2.3.1 非结构化数据库技术

企业内部一般具有许多不同的业务应用系统，如图 2-23 所示，每个系统都具有各自的存储数据库，分布于不同的服务器上。知识管理平台需要统筹管理企业内部非结构化数据，优化数据存储策略，整合存储资源，提高利用率；优化系统配置，确保系统安全存储。

图 2-23　企业内部应用系统

非结构化数据管理平台[17]设计需要考虑多个方面的因素，遵循如下一些原则。

1. 系统先进性、实用性原则

系统在系统架构设计时，需要充分考虑系统的实用性和便捷性，系统应该便于管理和掌握，通过使用先进技术，实现系统所有功能和业务需求，确保开发技术在一定时间内保持领先，以适应企业业务的快速发展。

2. 标准化设计原则

系统设计需要遵循国际标准，采用开放式、模块化设计体系，采用组件化的设计方式，提高系统服务重用；通过标准化设计，为跨系统调用、共享创建有利条件，提高调整、扩充和组合的能力。

3. 系统安全、可靠性原则

利用用户认证、权限控制、数据加密等多种技术手段实现系统的安全、稳定，通过数据加密方式和消息告警方式，提高数据安全性和异常处理的响应速度，能够实现 7×24 小时的连续工作，而且无故障率超过 99%，出现故障应能及时告警，软件异常自动恢复时间<60 分钟，手工恢复时间<24 小时。

4. 可扩展性原则

对系统平台资源信息进行整合，确保系统所有功能能够有效结合，避免系统功能重复开发，同时保证系统各个功能项目的完美结合，适应业务扩展和系统的发展规划。

2.3.2 图数据库技术

我们可以用图中的点（vertex）来表示任意事物，用图中的边（edge）来表示事物与事物之间的关系，如社交网络、web 网络、电子商务交易网络等。

知识图谱是一个较大规模的图，其节点代表业务中的对象和实体，如钻井工程业务、塔里木盆地等，边表示对象之间的关系，如"塔里木盆地"包含"草湖凹陷"。

在应用中，主要采用基于图的算法对实际问题进行解析，比如最短距离算法往往用来计算概念的层次，可以用来对问答继续解析；二分图查询可以用来寻找 2 个集合之间的关系；最大完全子图可以用来寻找一组紧密联系的团体，如社交网络的核心团体；超图查询可以用来进行对比研究，找到包含该图的其他图；子图查询可以用来进行结构层次查询，找到所有对问题的描述方式，从表到图，是一次认识上的跃升；基于图建立应用比如推荐算法，能极大地提高推荐的准确度。

图数据库[18]与传统的关系型数据库的主要区别在于关系型数据库是使用外键连接各个节点数据，而图数据库使用关系连接节点数据。图数据库存储节点、关系和属性。

随着大数据的发展，节点间的关系越来越复杂，传统的关系型数据库并不能高效地对这些复杂数据进行存储、检索和操作，使用图数据库可有效地解决这些问题，所以图数据库是替代关系型数据库系统的一个可行选择。图数据库适用于构建预测模型，检测数据相关性和模式识别[19]，可对密集型、相关型数据进行高效处理。这种高效动态数据模型的所有节点通过关系联系起来，允许沿着各个节点之间的边快速遍历，优点是实现遍历操作的本地化，不考虑不相关的数据集。所以与关系型数据库相比，图数据库更适用于表示高度相关的数据，在数据结构、数据特征和数据查询等方面具有高效性，适用于语义网络、社会网络和推荐引擎等研究领域，具有重要的应用价值。

2.4 知识管理

从数学上看，知识管理可以等效为实现 $y=f(x)$ 的过程中，对 x、y、f 的管理和优化。

$$y=f(x)=y_0+ax+bx^2+\cdots$$

式中，y 代表目标，如业绩目标、质量目标等；x 代表可控因素，如成本控制、人力资源投入等；f 代表投入和产出之间的复杂关系。对于任何复杂的 f，数学上都可以通过泰勒级数展开为常数、一阶项以及二阶项等，代表现实中的常量影响、因果线性影响以及两个因素的交互影响。

为了实现目标 y，在时间上总归是从最简单的实体管理到因果管理，然后再到创新管理，这等效为数学中对 0 阶、1 阶和高阶项的管理。

知识管理的最终目标是决策，决策是一个更高层面的思维活动，对应的是系统跃迁的过程，从管理上来看，对应的是创新管理，或者说是寻求函数 f 的非线性突变模式。

因此，根据这个知识管理的基本思想，衍生出如下 3 种主要的知识管理思想。

1. 基于产品设计的知识管理

这种知识管理的思想是对于 y、x 参数的 0 阶静态管理，本质上就是产品信息管理，是知识管理或者知识挖掘的基础和输入。

这种技术的思想是把知识管理作为伴随物质世界产品管理的一部分，主要用于对产品的参数管理，它涉及对知识的分类、建模、表示、获取、检索、推理等关键技术。例如，将知识管理过程融入工程系统设计研究、通过电子文档和图像笔记获取各种正式的设计信息、面向产品的知识处理方法、通用的产品建模语言、产品设计知识的重用和抽取，以及组织知识、本体在机械产品设计中的应用等。

直接将知识管理融入产品设计形成产品设计知识管理理论框架，会存在知识管理理论与产品设计体系的衔接问题、缺乏有效的动态设计知识的管理与应用理论框架、缺乏从整体角度对产品设计知识管理过程的设计知识进行全面和统一研究等问题，仅考虑产品设计知识管理本身，未考虑知识管理以后的应用需求，导致知识处于"管而不用"的状态。

2. 基于知识流的知识管理

这实际上对应着对参数的动态管理。无论是数据知识，还是非数据知识如文本甚至声音、图像等，都可以对知识进行结构化从而实现参数化、数据化，由此将知识管理建立在数学模型之上。将知识看作是对产品流程中某些参数或者结构化参数的描述，强调知识在各个环节的转换，强调知识的动态性和流动性，这也是面向流程的管理思想和设计思想在知识管理中的体现。

关于知识流（knowledge flow）的描述，大致可分为三类：①知识流是在人与人之间、知识处理机构之间进行知识传递的过程，将知识流定义在知识传递层面上，如组织内部隐性知识和显性知识的流动过程、不同部门之间及其中间环节所进行的流动、不同主体之间的扩散和转移、知识存量高者流向知识存量低者的复杂动态过程；②知识流是在知识传递的基础上进行知识处理，如在人们之间流动的过程或是知识处理的机制，与其他组织交流和交换的知识及经验；③知识流是知识传递的基础上加上知识应用，如知识扩散—知识吸收—知识扫描和问题解决、知识转移和应用等。

总之，知识流研究的是已有的、静态的知识流动过程，知识流不仅仅代表知识的运动，也应解释知识如何在组织中移动。但目前的知识流未涉及新知识获取，而新知识获取是设计知识流的主要目的。研究知识流的动态性，涉及知识的分类、动态特征、运动机制、知识获取和流动控制。

知识流动是一个复杂的过程，知识需求或知识落差决定知识流动的方向和影响要素。知识流的动态性包括流动过程的动态性和知识本身的动态性两个方面：知识流动过程的动态性包含知识的运动机制、知识获取、流动控制等；知识本身的动态性包括知识的分类、动态特征、知识的转化等。

知识流动的最终目标是知识创造，知识转化是实现这一目标的必要手段。知识在流动过程中，通过知识的共享、利用和转化产生新知识。组织机构中的知识流是知识在社会化、外化、组合化、内化 4 个阶段的流动过程。

3. 基于创新的知识管理

这种知识管理思想关注 f 的形态，尤其关注 f 的 2 阶以上的非线性跃迁，因为 0 阶和 1 阶的系统是个线性系统，没有涌现和跃迁作用，也没有数学意义上的创新。

作为决策咨询服务的智库的知识管理技术，就是一个典型的面向创新、面向跃迁、面向高层次思维的知识管理技术。智库即思想库、智囊团、顾问团、头脑企业，是由不同学科专家组成，运用专家的智慧和才能，为决策者出谋划策，提供满意方案或优化方案的研究机构。智库的本质是智力资源借助信息资源最终加工形成智慧产品，为决策者提供高质量的决策咨询服务，其特征是以知识运用能力为核心，以知识创造为本质，通过对信息、知识等进行收集、加工、分析、整合、重组等创造性智力活动，最终提供辅助决策的有用知识增值产品。

具体的知识管理技术和上述 3 种知识管理思想相对应，它们分别是知识体系管理、知识全生命周期管理和知识模型管理。这 3 种管理技术的关系如图 2-24 所示。

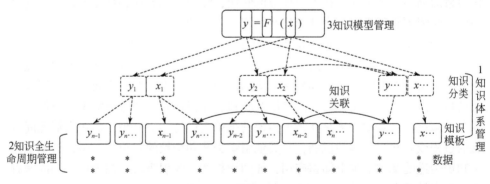

图 2-24　知识管理 3 个层次

＊代表实际 x 和 y 的具体取值，可以用任何实际数据

正如计算机的操作系统是对计算机单板硬件和软件的管理一样，知识管理系统就是生产场景、业务场景的操作系统，如图 2-25 所示。区别在于，在知识管理平台的建设过程中，知识工程师看不见真实的生产场景，只看得见文字描述，

而业务专家看不见文字描述，看见的是真实的场景，这两部分人员需要找到都能理解的共同语言，才能将知识和场景结合起来，构造出合适的知识操作系统。

因此知识管理系统可以以操作系统为参照，来搭建其系统框架和构建应用。知识管理的知识体系管理、知识全生命周期管理和知识模型管理，大致对应着操作系统硬件管理、进程管理和风险管理（如故障排除）。

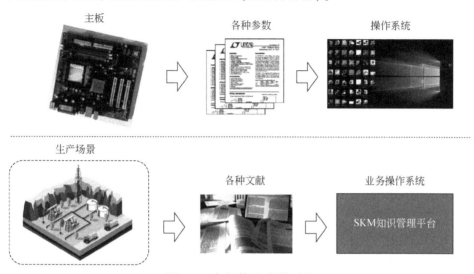

图 2-25　知识管理–操作系统

2.4.1　知识体系管理

知识体系包括 3 个部分，即知识分类体系、知识模板和知识关联。一般来说，知识模板是知识分类体系的最后一层，它的下层就是数据，因此模板实现了概念和实体之间的连接。知识分类体系是知识概念的层次结构，是对一个领域知识的抽象的认识，完全属于思维世界，是领域稳定的概念化知识的载体，相当于分层的模型变量结构。知识关联是不同层次概念之间的连接，是形成知识网络、知识图谱的根源，关联构成了不同概念之间的长程和短程相关，就跟热力学系统的分子关联一样，是实现系统跃迁、形成更高层次规律的物质基础。

知识体系建设的重点是将应用需求分解为对知识的需求，构造知识节点的结构。知识体系本质上是业务知识、领域知识的结构化过程，需要领域专家的共同参与才能完成。

从知识本身的结构上看，按照 0 阶、1 阶和高阶划分的原则，知识节点可以分为 0 阶的实体网，如本体网、语义网、引用网、任务关系网等；1 阶网络等效为因果网，而面向创新的高阶网的知识节点最低是一个 3 元组结构，如图 2-26 所示。

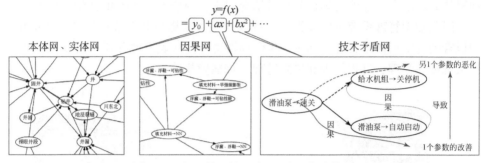

图 2-26　知识管理的 0 阶、1 阶和高阶模型

　　3 种类型的知识节点是一个层次递推的关系，高级别的知识节点依赖于低阶的知识节点，如此，不同阶的节点整合在一起，形成一个巨大的复杂的知识网络。

　　所有的改进最终落实在低阶的节点上，就跟软件去耦一样，软件之间的耦合形成了一个复杂网络，其中的涌现效应带来了不可预测的系统风险，为了降低这种风险，一般将复杂系统进行分层处理，也就是去耦合处理，这实际上就是降维处理，也就是将高阶的问题降为低阶来处理，最终落实在最低阶的知识节点上，也就是落实在实体上。

　　知识体系的管理，就是对这些分类、模板、单元结构及单元之间的关联进行增删改查以及验证的过程。

　　知识体系的建设不是一次完成的，也不是一成不变的，知识体系也要随着建设的深入而不断调整和扩展，这种扩展带来加工的挑战，过去存量知识由于新增了字段，需要重新加工填充数据，另外一个挑战是机房硬件系统的扩展，而机房的扩展往往受制于机架容量、供电、通风、制冷等，甚至比知识加工还要难以实现。一种有效的办法就是机房设施留有足够的余量。

　　知识关联的管理中涉及一个关联验证管理的问题，因为关联本身是一种假设，这种假设是先验的，它的正确与否是通过数据验证才能确定的，具有数据支持的假设被认为是正确的假设，也就是这个关联是实际存在的，需要保留，而那些没有数据支持的关联假设就是臆想的不存在的假设，需要剔除。这个假设检验的过程本身，也是知识体系管理的一部分。

2.4.2　全生命周期管理

　　知识的全生命周期管理是指对知识从采存管用一直到知识的退出整个时间范

围内，对知识的状态进行管理，它背后对应的物质过程就是产品的全生命周期管理，或者面向流程的产品管理，强调知识的时间性，以及知识的可用性。

从操作系统看，全生命周期的管理相当于进程管理。

知识的可用性和产品的规范性往往具有互补的关系，也就是越是规范化的过程知识的可用性越弱，越是人工参与强烈的地方，知识的可用性越高，如图 2-27 所示。比如在前期需求确定、概念设计[20]阶段有大量不确定的发散的思维过程，而在这些过程中，知识比在真正有形产品的生产环节中更能发挥作用。

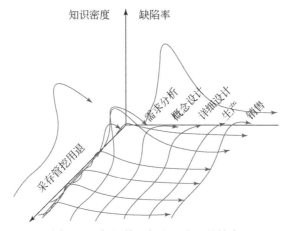

图 2-27　知识管理与企业流程的结合

知识管理全生命周期管理的目标，就是找到最需要知识的环节，加大知识改进的粒度，降低知识的密度，提高过程能力。

生命周期的管理如图 2-28 所示，主要是对数据进行管理，在知识管理中的数据主要包括输入的没有处理的生语料、加工过的熟语料。其中，知识承载在标注语料和专业字库、字典当中。

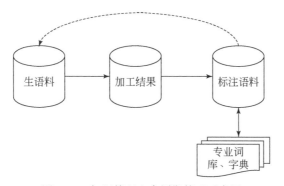

图 2-28　知识管理生命周期管理示意图

2.4.3 模型管理

模型管理主要是对整个加工过程中所设计的模型进行分类、验证、再学习的过程。知识管理中的知识、机器学习的学习，最后都是通过模型实现的。

除了传统的 0 阶–1 阶模型之外，在知识管理中，尤其强调对非线性创新模型的管理。非线性模型不仅仅是一个模型，更重要的是对模型的解释，如图 2-29 所示。

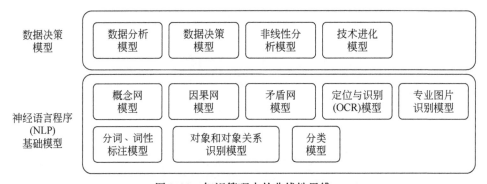

图 2-29　知识管理中的非线性思维

模型管理的功能包括如下几种。

（1）对模型的分类和管理，包括模型上传、信息修改等；

（2）模型在线展示，因为模型本身是不可读的文本文件，因此需要用户对模型进行交互控制，来确定模型的性能，尤其是在多版本的情况下进行在线展示；

（3）模型信息的在线浏览；

（4）实现对图像文件的标注、分类管理。

2.5　知 识 应 用

2.5.1 智能搜索

搜索引擎[21]发展至今，主要经历了三次技术革命：

第一代搜索引擎是以人工目录分类导航技术为基础的，如 Yahoo，其主要弊端体现在检索结果相关性较差、排序缺乏合理性，仅仅能检索到互联网上全部页面的 16%，用户需要在杂乱无章的大量检索数据中识别完全符合要求的检索结果，无法谈及检索的较高精准度。

第二代搜索引擎虽然增加了文本处理技术、改进的排序方法，但仍然是基于关键词和特殊算法为基础的，如 Google，相较于第一代搜索引擎在检准率、检全率和检索速度等方面有所提高，但是检全率、检准率依旧较低，对多媒体和跨媒体的信息检索能力较低。

第三代搜索引擎便是智能搜索引擎。它具备了技术智能化、功能人性化、搜索专业化等优势，以人工智能、数据挖掘、模糊匹配、神经网络、数理分析等技术和手段为基础。国内代表有：百度、搜狗等；国外代表有：Wolfram Alpha、Ask Jeeves、Google。

智能搜索引擎的本质特征即主动学习、主动分析、主动推送。主动学习指智能搜索引擎能够做到及时跟踪相关学科的发展前沿，自觉监控网络上信息的变化，实现了搜索领域的新突破。主动分析是指智能搜索引擎能够做到自主识别用户兴趣、检索领域、网络行为、检索模式等特征，在前期检索服务基础之上，有侧重地为检索用户提供专属服务。主动推送指智能搜索引擎能够学习和分析人类思维和行为，将检索行为的落脚点由搜索信息转到重视用户行为，从而使智能搜索引擎的检索过程演变成一个可持续发展和变化的协同机制。

基于知识图谱与语义计算的信息搜索[22]准确率可达 85%，具有较强的实用性，可为垂直搜索应用领域的技术优化提供参考思路。

基于知识图谱的智能搜索技术路线如图 2-30 所示，和传统搜索方法不同在于，对所有的搜索实体，都按照概念和实体 2 个维度进行了扩展。

具体的扩展方式如图 2-31 所示，以目标对象为中心，首先按照不同的层次给定不同的权重，越靠近中心的权重越高；对于同一个类中的实体词，按照出现的频次进行排序，最终排序规则是由 2 种排序方式的乘积决定的。

图 2-32 给出在智能搜索中一个目标词扩展的具体实例，其中，对于一个类里实例太多的情况，为了降低扩展对搜索速度的影响，一般只选取排序前面的 5~10 个词，这个数量是扩展和速度之间协调的结果。右侧图是验证的结果，其中加框的顺序是专家给出的正确顺序。

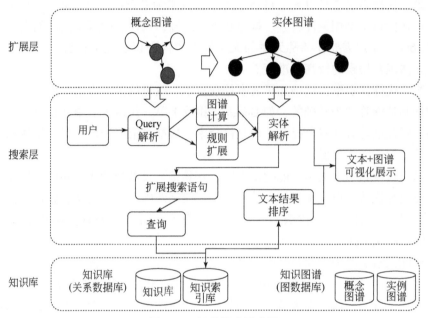

图 2-30　智能搜索示意图

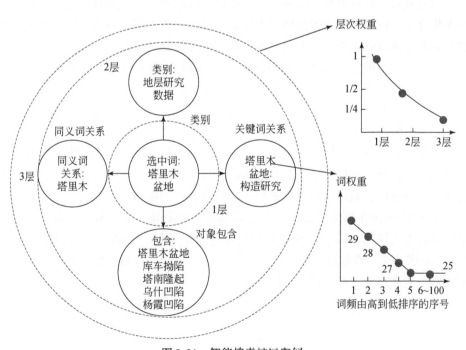

图 2-31　智能搜索扩展实例

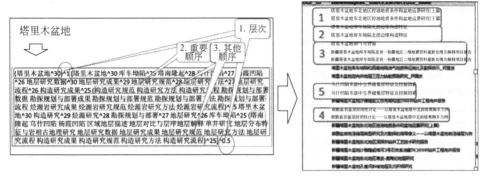

图 2-32　智能搜索扩展结果

2.5.2　智能推送

智能推送平台的核心在于推荐系统，而推荐系统的核心在于推荐算法。推荐算法发展至今种类繁多，主要有基于内容的推荐、基于关联规则的推荐、基于知识的推荐、协同过滤推荐、混合推荐及在它们基础上的一系列改进算法。在实际应用过程中，推荐系统往往采用混合推荐算法，将单一的推荐算法进行优势互补，提升推荐效果。

智能推送技术会产生"内容下降的螺旋"的问题[23]，即低俗和虚假内容常常会被算法选取并加以推送。这是由于推荐算法是基于统计而不是意义的算法，也就是基于字符而不是基于客观语义的，具有数字依赖性的算法，就一定会出现"谎言说 1000 遍就成真理"的误区。例如，一些自媒体不加甄别地扩充内容，大量质量不高的内容充斥内容数据库，这些大量低俗内容的供给，满足并"创造"着对低俗内容的需求，有些平台甚至在主观上还企图借此提高"流量"和用户数。另外算法的取值也出现内容的偏差，比如依据热度的推荐，即根据用户对一条信息的点击量的历史数据判断其信息偏好，在使用移动终端的场景近乎个人独处的私密化条件下，人们所表现出来的信息需求常常偏重猎奇，对低俗内容较为敏感，这类低质量信息往往点击量较高。这就造成了在需求侧和供给侧，都已出现了低俗内容的点击量高的情况。如果管控手段和意识不强，就会导致"内容下降的螺旋"。

如此，需要全面地对推荐算法的点击率进行客观分析，增加对其分析的层次，如可反映趣味性、重要性的内容。

智能推送要解决理解或者认知的问题，就需要采用认知图，认知图本质上就是一种知识图谱，如模糊认知图，其技术路线如图 2-33 所示。

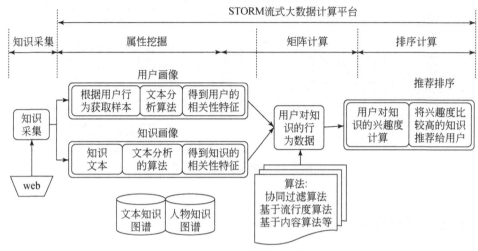

图 2-33　智能推荐技术路线

基于知识图谱的推荐算法[24]，由于主要以实体关联为基本数据，而频次只是推荐矩阵的一个维度，这样就消除了推荐的统计依赖性，更加接近人的非数据的直觉的认知模式。

2.5.3　精准问答

一般的精准问答[25]指从互联网上准备功能活动调查（FAQ）表，相对于对话而言问答的内容具体而准确。

这里是指面向工程的精准问答，对工程现场的操作具有指导意义，具体有两个特征：

（1）回答的数据必须可以验证准确；

（2）推理的原因可以验证。

精准问答[26]的核心在于计算，能够计算就能验证，就能实现精准。

所以，我们的精准问答，可以归结为基于知识图谱的计算问答。其核心思想是，将知识图谱等效为深度学习模型，基于知识图谱的计算等效为基于深度模型的学习，实现关联的不精确性到计算的精确性的有机融合，如图 2-34 所示。

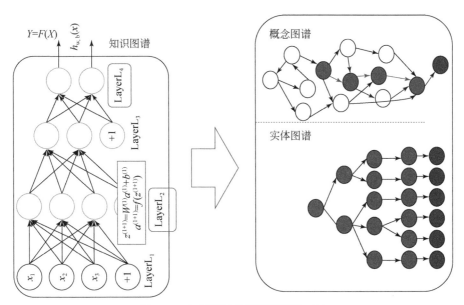

图 2-34　知识图谱和深度模型的对比

一个基于计算的问答解析过程如图 2-35 所示：

示例: GD有多少口井?

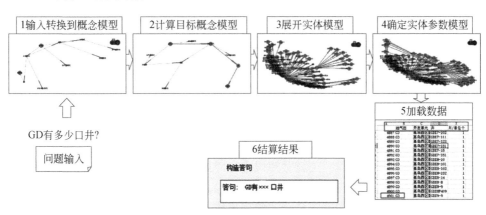

图 2-35　基于知识图谱问答示意图

3　AI 知识云平台

3.1　知识云平台的核心架构

知识云平台是企业全面实施知识工程解决方案的信息化管理基础，知识工程各项核心技术在此落地，典型应用场景在此实现。知识云平台主要面向企业用户，建立一套企业统一的知识汇聚、挖掘、管理、应用和创新的云服务平台，支撑跨部门、组织、地域的知识分享；针对具体的业务场景，实现面向业务的知识汇聚、共享、沉淀的应用机制，促进业务提效；同时作为个人工作、学习与交流的知识助手，最终实现企业智力资产可持续的积累、有效的复用和创新。

3.1.1　应用架构

总的来说，知识云平台的应用架构如图3-1所示。

知识云平台应用架构描述了 IT 系统功能和技术实现的内容，遵循知识工程"采–存–管–用"的工程循环，包含信息采集、知识存储、知识运维和知识应用四个层次。

1. 信息采集

信息采集是按照业务的知识需求，将需要的数据、信息采集出来，经过知识加工（如命名实体识别、自动知识分类等）、知识校验，纳入知识库管理，并进行持续的知识运营的过程。这就是知识生命周期管理。知识源包括三类，第一类是企业外部知识源，第二类是企业内部知识源，第三类是企业员工的贡献。针对不同类型的采集源，采用不同且合适的采集技术和方式去实现，以达到信息汇聚的目的。

2. 知识存储

知识云平台基于知识类型对知识进行分库存储，由于企业/行业业务的不同，所需要的知识类型也不尽相同，需要读者根据实际业务需求来梳理知识类型及其

图 3-1 知识云平台应用架构

知识的来源。这里列举的是几种常见的知识类型，供读者参考，包括行业资讯、科研成果、案例经验、期刊文献、百科知识、行业图书、流程规范、知识产权、案例库等。

3. 知识运维

知识运维主要提供知识体系、系统管理等基础数据的管理和维护，是知识云平台的运维基础。知识体系，即知识的组织与表达体系。它是让系统能够从信息中找到知识，将知识与知识、知识与人形成连接，实现高效知识获取的基础。基础数据维护包括知识的分类体系、研究对象、关系规则、专业术语词典、知识模板等的管理维护，同时提供加工模型管理等功能。系统管理提供了用户、用户同步机制、角色、功能权限等系统基础管理功能。

4. 知识应用

知识应用直接面向知识云平台的普通用户，可以为知识云平台的用户带来最直观的应用价值。主要包括四种典型应用模式，分别是智能搜索、业务空间、专题应用和知识社区，以支撑知识云平台门户和移动应用两种使用方式。这四种典型应用模式的内容将在 3.2 节中详细描述。

3.1.2 功能设计

知识云平台的功能设计一般遵循高内聚、低耦合的原则进行设计，耦合度高的功能放在一个子系统，功能相对独立的放在不同的独立系统中，同时着重考虑原始文档的安全性、内外部知识源的分散性等约束，知识云平台通常可以划分成 8 个子系统，如图 3-2 所示，分别是知识应用系统（KAS）、智能搜索系统（ESS）、知识社区系统（KSNS）、移动应用系统（KAPP）、数据采集系统（KCS）、知识加工系统（KPS）、文本分析系统（TAS）、基础管理系统（SA）。

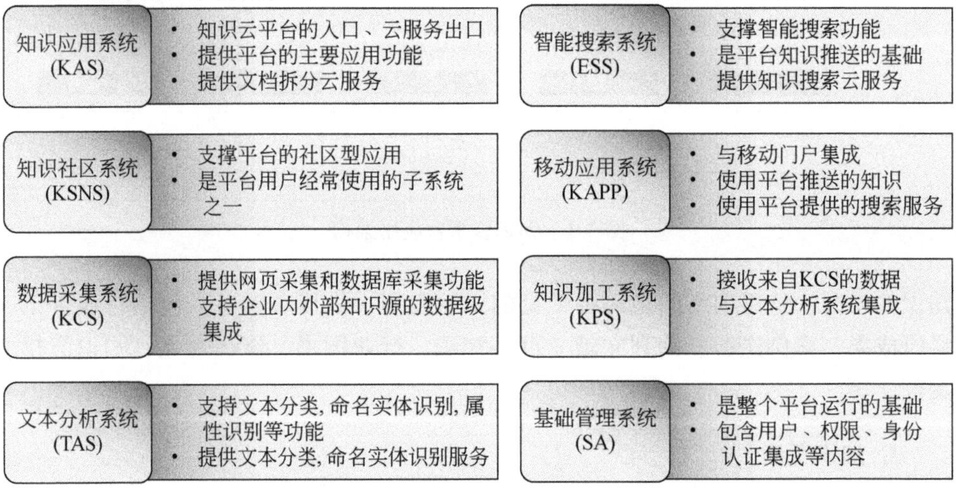

知识应用系统 (KAS)	• 知识云平台的入口、云服务出口 • 提供平台的主要应用功能 • 提供文档拆分云服务	智能搜索系统 (ESS)	• 支撑智能搜索功能 • 是平台知识推送的基础 • 提供知识搜索云服务
知识社区系统 (KSNS)	• 支撑平台的社区型应用 • 是平台用户经常使用的子系统之一	移动应用系统 (KAPP)	• 与移动门户集成 • 使用平台推送的知识 • 使用平台提供的搜索服务
数据采集系统 (KCS)	• 提供网页采集和数据库采集功能 • 支持企业内外部知识源的数据级集成	知识加工系统 (KPS)	• 接收来自KCS的数据 • 与文本分析系统集成
文本分析系统 (TAS)	• 支持文本分类,命名实体识别,属性识别等功能 • 提供文本分类,命名实体识别服务	基础管理系统 (SA)	• 是整个平台运行的基础 • 包含用户、权限、身份认证集成等内容

图 3-2　知识云平台子系统设计

1. 知识应用系统

知识应用系统是知识云平台的入口、同时是整个平台的云服务出口，提供平台的主要应用功能，如图 3-3 所示，主要功能模块包括智能搜索、专题应用、业务空间、运营统计分析管理、体系管理等。此外，知识应用系统还提供文档拆分云服务。

知识应用系统主要包括以下组件。

（1）知识维护组件：主要负责知识的发布/取消发布，以及知识的修改、删除、热点设置，知识栏目的维护，知识类型模板的维护。

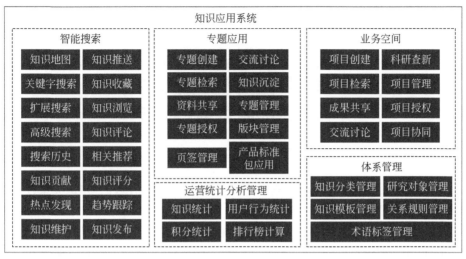

图 3-3　知识应用系统

（2）专题维护组件：主要负责专题的后台管理，包括板块设置和专题管理。

（3）知识应用组件：主要负责垂直应用的首页、列表页和内容页面管理。

（4）专题应用组件：基于知识库，以知识的汇聚、重新组织为目标，主要功能包括专题资料的上传、知识推送、知识沉淀、技术交流等。

（5）项目空间组件：以项目为中心，专注项目研发过程中，知识的汇聚与转化，主要功能包括资料的上传、知识推送、知识沉淀等。

（6）知识库：主要存储知识、模板、知识关系描述、用户行为库、知识目录、项目库、知识评论及专题资料库。

（7）知识应用服务组件：主要提供基于社区的知识提交、知识加工的知识提交、用户应用过程积分动作交互、项目实例验证、临时项目转正式项目、知识关联计算等服务。

2. 智能搜索系统

智能搜索系统是知识云平台整体知识推送的基础，可以为知识应用系统中的智能搜索功能提供基础支撑，也可以对外提供知识搜索云服务。主要功能模块有索引管理、关键词搜索服务、高级搜索服务、自定义搜索服务、扩展搜索服务、知识推送服务等，如图 3-4 所示。

图 3-4　智能搜索系统

知识搜索系统主要包括文档索引管理组件、知识搜索组件、知识关系计算组件、知识搜索服务组件和索引库。

（1）文档索引管理组件：主要负责文档索引的增加和删除。

（2）知识搜索组件：主要负责对文档进行关键词搜索、单索引搜索和文档分词。

（3）知识关系计算组件：主要根据描述的关系进行多索引搜索。

（4）知识搜索服务组件：对外提供文档的提交、删除服务，知识关系计算、知识关系地图绘制服务，同时从本体服务组件获取本体扩展词。

（5）索引库：主要存储知识文档索引。

3. 知识社区系统

知识社区系统支撑平台的社区型应用，是知识云平台经常使用的子系统之一。主要功能模块有个人空间、我的知识管理（我的贡献、我的专题、我的收藏等）、积分管理、专题运营管理、积分商城、知识订阅、专家资源、交流话题等，如图 3-5 所示。

图 3-5　知识社区系统

4. 移动应用系统

区别于 PC 端的应用，移动端拥有移动便捷等特点，子系统划分上会相对独立，与 PC 端主要在数据层进行交互，主要功能模块有关键词搜索、知识详情、知识贡献、我的消息、交流讨论、知识订阅等，同时记录了移动平台的搜索历史和浏览历史，如图 3-6 所示。

图 3-6 移动应用系统

5. 数据采集系统

数据采集系统主要针对内外部知识源的数据采集来设计，需要提供网页采集和数据库采集等功能，也需要支持企业内外部各类知识源的数据级集成。主要功能模块有采集源管理、采集任务管理、采集规则定义、数据校验、采集任务控制、文档加密等，如图 3-7 所示。

图 3-7 数据采集系统

采集系统主要包括以下组件。

（1）采集配置组件：负责采集源、网页采集任务、数据库采集任务的配置，包括采集属性、采集实时、定时配置、代理配置等。

（2）采集执行组件：根据已配置的采集任务，实时或者定时地执行网页链接采集、数据采集以及数据库内容的采集，同时负责断点续传、增量采集等功能的实现。

（3）数据存储组件：数据采集结束后调用数据存储组件进行数据存储，存储在采集库中。

（4）分表组件：为了支撑大数据的快速读取，针对采集到的数据基于任务进行数据分表，为数据存储提供分表标识。

（5）附件采集组件：主要负责附件数据、图片数据的采集，采集完成后，存储在附件库中，同时附件采集组件还提供附件的预览、下载等功能。

（6）采集库：采集库主要存储了采集源、采集任务、采集链接、采集到的数据以及采集校验的历史等数据。

（7）附件库：附件库存储了采集下载的源附件、知识贡献的源附件、加水印的附件以及附件的基本信息。

（8）采集服务组件：负责外部服务的提供，包括数据导出服务、附件下载服务、附件预览服务、附件信息读取服务、附件存储服务。

6. 知识加工系统

知识加工系统与数据采集系统通信，接收来自内外部知识源的采集数据进入加工流程，与知识挖掘系统集成。例如，以文本处理为主的知识挖掘就与文本分析系统集成，提交未加工的知识给文本分析系统，接受已经加工的知识去更新知识加工库。主要功能模块有任务管理、任务监控、模板映射、数据转换、文本抽取、文档拆分等，如图3-8所示。

图3-8　知识加工系统

知识加工系统分为知识的预加工和知识加工两部分。

知识预加工部分，分为以下几个组件。

（1）数据转换集成组件：主要负责加工任务的配置以及采集属性和知识模板属性的映射配置。

（2）数据转换读写组件：根据映射配置，调用采集服务接口，将读取的数据转成待加工的知识，同时发送知识到总部知识加工组件；转换知识的同时，调用文档拆分组件，针对附件进行文本抽取和文档拆分。

（3）分表组件：根据知识类型进行分表，一个知识类型存储一个表。

（4）文档拆分组件：从采集服务组件处，读取采集数据的附件，针对附件进行文本提取、根据章节拆分知识、根据期刊目录拆分文档。

（5）待加工知识库：主要保存知识加工配置，以及转换后的待加工知识。

（6）预加工服务组件：从采集组件采集获取数据，从知识加工部分获取知识模板、知识加工状态；将待加工知识发送至知识加工部分。

知识加工部分，分为以下几个组件。

（1）加工驱动组件：接收待加工知识库发送的待加工知识，转储进知识加工库，调用计算管理平台的知识加工服务，单条或批量提交待加工知识，接收来自计算加工平台加工后的存储请求，根据加工配置，将加工后的数据进行加工知识库更新，同时跟进加工状态；根据获得的研究对象实列表，调用本体服务组件的本体验证服务，查看对象实例是否存在，如果存在则获取该实例的标识，如果不存在则验证是否存在临时本体库，如果不存在则增加一条临时本体，同时将该临时本体存储在该条知识上；根据获得的项目实例列表，调用知识应用组件的项目验证服务，查看项目实例是否存在，如果存在则获取该实例的标识，如果不存在则验证是否存在临时项目库，如果不存在则增加一条临时项目实例，同时将该临时项目实例存储在该知识上。

（2）知识校验组件：针对已加工的知识，或者个人贡献已提交的知识进行人工校验，校验后，如果知识满足完整性需求，则调用知识应用组件的知识提交服务，将知识提交给知识应用组件；同时根据知识类型，可以批量导入待校验的知识，批量导入的待校验的知识，状态为未提交状态，针对知识校验后，将校验的原数据转存至知识校验库。

（3）知识加工库：主要存储待加工的知识、已加工待提交的知识、批量导入的未提交的知识、临时对象库、临时项目库、知识校验历史库。

（4）知识加工服务组件：主要提供加工任务状态、获取项目实例验证、临时项目转正式项目、临时对象验证、临时对象转正式对象、属性识别服务、属性识别知识转储服务、知识提交服务、获取采集附件预览及下载服务。

7. 文本分析系统

文本分析支撑知识云平台的知识加工功能，主要实现知识自动分类、命名实体识别等功能，同时提供相应的云服务。主要功能模块有自动分类、实体识别、属性识别、语料管理、词典管理、模型管理、应用配置等，如图 3-9 所示。

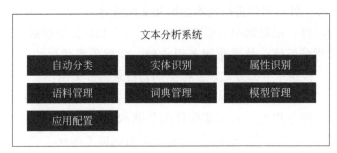

图 3-9　文本分析系统

8. 基础管理系统

基础管理系统是整个知识云平台运行的基础，可以与企业统一身份认证集成，实现单点登录等功能，主要功能模块有用户管理、角色管理、组织管理、权限管理、管理员日志、登录日志等，如图 3-10 所示。

图 3-10　基础管理系统

3.1.3　技术架构

为了使知识云平台能够更好地推广应用，通常建议采用 B/S 技术架构，基于 J2EE 体系构建，整体技术架构可以分为三层，分别为应用层、服务层（业务接口层、业务组件层、中间件支持层）、基础支持层。在部署时，通常将知识云平台部署和采集部分的部署分开，可以适应采集源和实际应用分开的情况，下面介绍一种典型的技术架构，如图 3-11 所示。

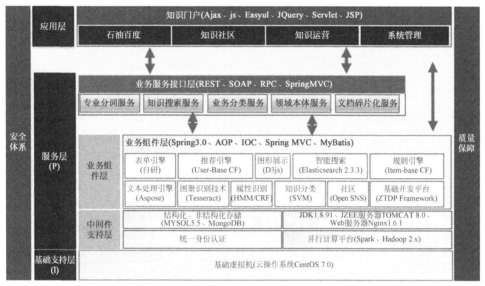

图 3-11　知识云平台技术架构

1. 应用层

主要使用 EasyUI、JSP 等技术开发整个系统应用。系统应用通过访问业务服务接口，获取底层提供服务和数据。

2. 服务层

分为三层，包括业务服务接口层、业务组件层、中间件支持层。

（1）业务服务接口层：系统提供的 P 层服务，例如专业分词服务、知识搜索服务、业务分类服务、领域本体服务、文档碎片化服务。

（2）业务组件层：通过业务组件支撑业务接口层以及应用层，提供的业务组件有表单引擎、推荐引擎、图形展示、智能搜索、规则引擎、文本处理引擎、图册识别技术、属性识别、知识分类、社区及基础开发平台等。

（3）中间件支持层：主要包括结构化和非结构化存储（MYSQL、MongoDB）、JDK、并行计算平台等。

3. 基础支持层

使用企业私有云进行搭建, 如图 3-12 所示。

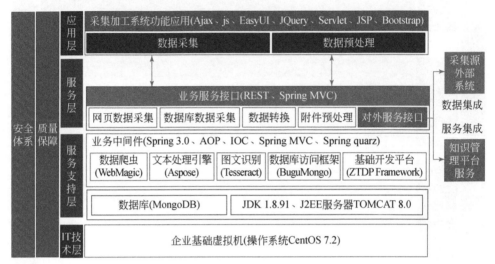

图 3-12　知识云平台采集技术架构

通常采集部分会独立部署, 故而典型的采集技术架构主要部署数据采集系统以及数据预加工系统。这部分的技术架构分为四层, 如图 3-12 所示, 分别是应用层、服务层、服务支持层、IT 技术层。

1. 应用层

应用层对外提供数据采集、数据预处理的功能。

2. 服务层

服务层通过业务接口的形式对外提供网页数据采集、数据库数据采集、数据转换以及附件预处理服务, 同时对外提供统一的对外服务接口。

3. 服务支持层

服务支持层主要描述整个应用系统所使用的技术组件, 包括如下。

(1) 数据爬虫 (WebMagic): 主要负责同异步网页数据的采集以及持久化;

(2) 文本处理引擎 (Aspose): 主要负责抽取 PDF、Word 等的文本内容;

(3) 图文识别 (Tesseract): 主要负责从图片中识别文本;

（4）数据库访问框架（BuguMongo）：主要负责识别系统中数据的持久化以及非结构化文本的存储；

（5）基础开发平台（ZTDP Framework）：主要负责应用服务开发的支撑；

（6）数据库（MongoDB）：结构化以及非结构化数据存储；

（7）系统开发和运行环境：JDK 1.8.91，TOMCAT8.0。

4. IT 技术层

IT 技术层是系统底层支持，使用企业虚拟机，操作系统为 CentOS 7.2。

3.2 知识云平台的典型应用模式

3.2.1 智能搜索

传统的搜索引擎一般提供关键词的快速检索、相关度排序等功能，让人们能够在搜索引擎的作用下快速找到所需的信息。根据功能侧重的不同，又可以分为综合搜索、商业搜索、垂直搜索等类型。但是我们也需要看到这类方式的局限性，依靠单一的搜索引擎不能完全提供人们需要的信息，而关键词的检索方式受限于用户输入的关键词，对于用户真实意图的理解能力有限，往往找不到用户真正需要的内容。

基于此，万维网联盟的蒂姆·伯纳斯·李（Tim Berners Lee）在 1998 年提出一个概念——语义网，万维网面向文档和网页内容，而语义网则面向文档和网页内容所表示的数据，语义网更重视于计算机"理解与处理"，并且具有一定的判断和推理能力。可以这么说，语义网是万维网的扩展、延伸和智能化，当然目前要实现语义网仍面临着巨大的挑战，时机并未完全成熟。

对于知识云平台而言，其面向的范围是企业/行业用户，他们对知识的需求相对专业，因此相对于万维网而言，我们可以做得更深入，故而我们提出了行业化的智能搜索应用模式，满足不同需求用户对业务、研究等知识的查询、阅读和知识溯源需求。相对于传统的搜索引擎，这种搜索应用有如下特点。

1. 一站式内容汇聚和搜索应用

知识云平台将企业内部的业务成果、经验案例等知识，显性化的专家隐性知识，以及来源于网络的资讯、专利、文献等各类知识汇聚在一起，统一管理，为用户提供一站式搜索和内容呈现，并对搜索结果进行智能排序，确保用户快速发现最关注、最需要的相关知识。可见这种应用模式的最大价值在于让用户寻找知识的过程变得简单、高效，而且提高了搜索结果的质量。以往用户需要翻找几十个系统才能找齐这些种类的知识，使用智能搜索方式则可以大大节约时间和提高效率。

2. 知识统计分析与关联推理

用户在检索大量资料之后，通常需要对检索到的内容进行一系列的特征分析。智能搜索的应用模式能够在搜索的基础上，针对搜索结果进行统计分析与关联推理，让用户快速掌握这个知识集合的主要特征，全面掌握领域发展的全景图，找到关注点，而不仅仅是一个个片面的文档或者网页内容。例如，可以提供热点分析服务和趋势分析服务，汇聚当前最新最热的知识，了解技术发展趋势，为技术研究提供助力。

3. 懂业务，有智能

在搜索方式上，智能搜索首先要兼容传统的关键词搜索，并自定义搜索组合条件的高级搜索，更重要的是能够支持业务扩展搜索，即识别用户搜索内容中的业务含义，根据行业知识图谱，理解用户隐含的背景需求，找得更准更全，从而提供更好的搜索体验。

这里涉及的行业知识图谱，就是语义网技术的行业化应用，我们可以通过业务分析，构建行业知识图谱，让知识之间不再是链接对链接，而是内容对内容，形成有效的关联，用户甚至可以按图索骥找到知识。

3.2.2 业务空间

所谓业务空间，是为工作团队提供一体化的知识共享、项目协同与学习交流空间，是工作团队完成业务工作的知识助手。这里业务工作对应的工作团队可以以项目、临时团队的形式来组织，也可能是正式的组织，都可以通过业务空间去完成一个共同的目标。

相对于其他应用模式而言，业务空间模式主要包括以下几个特点。

1. 业务学习空间

业务空间首先是一个贯穿业务工作全过程的学习空间。

业务工作启动时，将需要的基础资料从原先七零八落的状态变成一个规范的知识包，共享给工作团队学习参考。在业务工作开展过程中，能够主动推送业务相关、过程相关的成果资料给相关的人员。例如，在课题开题前，需要收集前期研究成果、相关技术动态等，业务空间的主动推送实时资讯能够大大减少收集资料的时间，并避免人为遗漏重要资讯；同时也可以基于此进行分析挖掘，如支持科研查新，让工作团队全面掌握该项业务工作领域的研究现状。在问题攻关过程中，主动推送的就是以前类似问题的案例，协助定位问题产生原因；制订方案时，类似问题的处置方法、措施、方案等成果一键可得，能够有效地促进科研人员快速找到解决思路。最后，业务工作完成之后，可以方便快捷地提炼经验总结，达到知识沉淀的目的。由此，通过事前学、事中学、事后学以及发现并解决问题时学这几个方面，实现学习空间的最终目标——工作团队的全面学习和有针对性的学习。

2. 协同空间

业务空间还是针对具体的研究任务、学习任务和创新问题的跨部门的协同创作和研讨空间。

在协同研究过程中，实现对平台各类知识的一键调用，提供全流程的协同创新模式与过程管控记录，实现对项目研究的全过程记录与管理。同时支持针对某一个文档或文档片段或某一具体问题进行协同研讨，支持发表多种形式的研讨意见，如表文字、图片、音频格式等，最终形成解决方案的功能，支持多次迭代以及研讨内容的总结。另外对于创作过程，能够提供在线文档创作的工具，支持多人协同和单人创作。

3. 共享交流空间

在业务过程中，工作团队可以随时在业务空间开展交流和共享，实现伴随业务全过程的资料、成果共享和即时交流空间。

4. 成果沉淀空间

业务工作结束后，业务空间支持实现前期成果可继承、产生成果可积累的成果沉淀空间。

业务空间可以将业务工作过程中原本零零散散分布、无用武之地的交流经验、项目经验与业务成果，进行统一总结提炼，及时沉淀下来，并转化为可有效利用的知识，真正实现"人走知识留"，实现组织知识有序化。

5. 管理空间

业务空间的管理功能可与企业内部的项目管理系统互通互联，实现伴随项目过程的知识服务。同时提供项目信息维护和项目成员管理等管理功能，让项目进程一目了然，让企业的其他业务管理系统与 AI 知识云平台能够有效结合起来，避免重复劳动。

3.2.3　专题应用

业务空间面向的是具有较为紧密组织的工作团队，与此不同的是，专题应用旨在连接人、知识、技术专题、专业专题这几个方面，汇聚融合技术/专业专题相关知识，提供用户以专业技术维度为组织方式的一体化学习交流和共享空间，组织较为松散，打造的是"志同道合者的知识吧"。

相对于其他应用模式而言，专题应用模式主要包括如下特点。

1. 个人学转化为团队学

形成跨组织的虚拟团队，与"志同道合者"思想碰撞，提升个人的专业能力，让用户找到专家和组织，围绕着共同感兴趣的专业和知识交流与学习，能够方便快捷地与专家沟通交流、共享，获得帮助，从原先个人学习转化为团队学习，达到相互促进的目的，同时也让专业的人才更专业。

2. 随意学转化为系统学

按专题技术一键汇聚内部已有相关知识，及时推送外部最新前沿动态，国内外专业技术发展趋势、相关技术方法进展、典型案例等，实现将原来随意地学习转化为系统地学习，提高专题技术学习的效率和质量。

3. 交流共享到总结、提炼、沉淀，实现个人知识组织化

跨组织的虚拟团队–专题成员之间，利用社交元素可以进行交流共享；提供运营支撑，将交流的精华内容直接转化为知识，使得业务人员在核心技术研究中产生的知识可以总结、提炼、沉淀、共享。

3.2.4　知识社区

知识社区相对于业务空间和专题应用来说，最大的区别在于没有固定的组织，企业的知识社区，通常以兴趣为手段激发用户的参与热情，以知识获取和交流需求为桥梁建立社交关系，通过知识的传播与分享发现并找到目标客户群体。

相对于其他应用模式而言，知识社区模式主要包括如下特点。

1. 个人空间：私人订制的知识空间

个人空间提供用户个人知识的集中管理，用户根据实际需求实现知识内容定制推送服务与高效管理，关注感兴趣知识、专题、专家；能实现有效的个人知识管理，历史知识可追溯、关注知识可跟踪。内容包括个人知识宝库、个人知识轨迹尽览和知识人脉三大部分。

（1）个人知识宝库：关注的专题能跟踪，关注的知识能学习，关注的专家能交流，促进学习成长。

（2）个人知识轨迹尽览：以个人为中心展示个人的知识轨迹及相关内容，如排名、贡献等，提供给他人一个了解"我"的信息窗口，个人知识足迹尽览，知识绩效可知。

（3）知识人脉：提供专家黄页，并提供多种与专家沟通交流的方式，促进专家隐性知识的显性化，专家知识的有效传承和复用。

2. 交流分享空间

提供论坛式的交流讨论、知识分享及问答功能，与业务空间和专题应用不同，知识社区型交流分享空间的组织更加松散，仅以话题方式来组织交流和分享空间。当然也有共同之处，社区中的交流讨论也同样涉及知识总结提炼和转化问题，其相同的特点我们就不在这里重复讨论。

3. 积分商城：社区运营机制

通过建立相应的配套体系，用户在知识云平台上分享知识、学习交流均可以赚取积分，同时通过积分商城可以兑换相应物品。物质奖励和精神荣誉奖励共同作用，最终达到企业在知识管理的过程中，形成知识积累—知识共享—知识利用—知识创新的知识工程良性状态，并逐步形成一个内部知识共享文化的环境。

3.3　知识工程产品实例

在 AI 知识云平台的核心架构中，我们曾提到一个重要的子系统，文本分析服务系统（TAS），也就是知识挖掘、语义分析相关核心技术的落地内容，这部分内容是知识云平台的核心技术和基础工具，技术的强弱、工具的好坏直接影响知识工程开展是否顺利。另外，知识云平台的应用部分也非常重要，这部分直接面向企业客户，如何构建一个符合用户习惯、审美及灵活的应用系统也是值得研究的工作。

下面，我们就来分别介绍一个知识挖掘、语义分析相关的产品实例——"语义魔方"，以及知识应用、知识服务平台级产品实例——Smart. KE。语义魔方产品荣获 2018 年中国智慧语义最佳产品奖，Smart. KE 产品是荣获 2018 年中国 MIKE 卓越大奖和斩获 2018 Asian Global MIKE 大奖的中国石化知识管理系统的支撑产品，它们都是业界典型且优秀的产品代表。

3.3.1 知识挖掘产品—语义魔方

语义魔方产品是知识挖掘、语义分析处理相关的工具级产品，其定位是企业的智能引擎，为企业业务插上智能的翅膀。

语义魔方产品的目标是让机器学会阅读，帮助企业整合、挖掘内外部大数据，从海量数据和文本中挖掘有意义的内容，让计算机理解数据和文本语义以及它们之间的逻辑关系，形成语义网和知识图谱，使信息的读取和分析变得更有效率，获得潜在价值，最终实现企业的智能化业务，参见图 3-13。

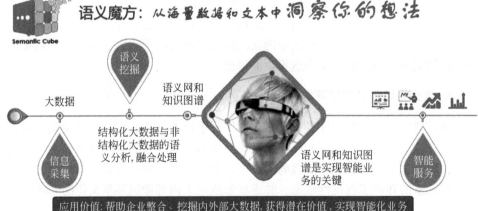

图 3-13　语义魔方产品定位

语义魔方产品面向的业务类型和目标群体主要有两类。

1. 智能服务类

智能服务类相对来说业务的复杂程度稍低一些，主要面向两类客户：

（1）需要实现结构化大数据、非结构化大数据融合处理的企业或个人；

（2）需要基于数据融合处理的服务，提升业务智能的企业或个人。

2. 图谱构建和应用类

图谱构建和应用类的业务复杂程度较高，需要针对企业/行业构建一个完整的行业知识图谱，然后在知识图谱的基础上再搭建基于知识图谱的应用，例如：

（1）数据来源多样化、数据结构多样化、数据逻辑关系多样化，应用必须借助这些数据的综合处理才能实现应用的企业；

（2）需要构建企业统一知识管理，为未来的多种智能化应用提供支撑服务的企业；

（3）典型的智能化应用包括：一站式信息搜索、精准问答、智能客服等。

语义魔方作为知识挖掘、语义分析的工具级产品，其设计思想概括如下。

1. 让知识挖掘工具更好用、更易用

注重产品使用过程的用户体验，知识挖掘相关的技术、算法和工具对一般企业用户来说，学习成本和实施运维成本非常之高，这非常不利于知识工程在企业的推广和应用。而事实上，在知识工程多数项目实施过程中，对于这些知识挖掘技术、算法和工具的需求有非常多的共同性，只有极少数需要非常专业的人员进行深入的技术攻关。故而，我们坚信80%工作是可以在20%时间内完成的，而语义魔方就是将这80%的工作产品化，让作为非专业人员的用户也能够快速上手，为知识工程添砖加瓦，贡献自己的一分力量。当然，其余极少数深入的技术攻关，也并非一直都是黑匣子，一旦技术有所突破，就是我们将其产品化的时机，这就形成了语义魔方产品技术的良性循环机制。

2. 无法为业务服务的工具不是好产品

工具是为业务服务的，而业务的多变性导致用户无法将所有业务类型进行枚举，那么产品设计的工具如何能够适应多变的业务，哪些工具能够为什么样的业务服务，适合什么样的业务，它们多变的组合又能够为什么样的业务服务？这是语义魔方思考的第二个问题，也是第二个设计思想，工具是为业务服务的，同时要能够适应多变的业务。

3. 智能是唯一的重点

作为知识挖掘、语义分析的工具级产品，语义魔方聚焦在人工智能的细分领域，以大规模语料和数据资源采集为基础，自然语言处理、机器学习、深度学习技术为核心，知识图谱为关键，去实现企业的智能化业务，所以语义魔方的重点是智能。

4. 遵循 TRIZ "点线面体" 的技术进化路线

从单点的工具出发开始设计，到将工具组合起来连成一条完整的业务逻辑线，再到实现知识图谱的构建和复杂业务的实现，完成从点到线到面体的产品技术进化路线。

基于上述设计思想，语义魔方陆续已经开发了 3 个版本的产品，从用户的易用性上逐步提升，业务适应性上逐步增强，能够支撑的业务也是越来越复杂，最终形成了如图 3-14 所示的整体架构。

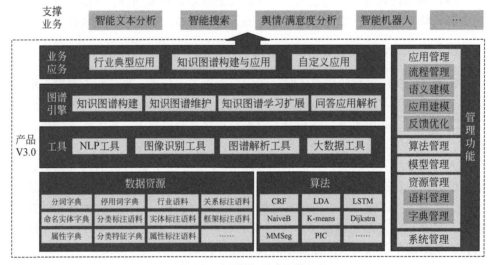

图 3-14　语义魔方产品整体架构

语义魔方产品主要包括以下几个层次的内容：

（1）首先是管理功能的支撑：包括应用管理、算法管理、模型管理、资源管理和系统管理。

（2）最底层是资源层：包括各类数据资源，如字典、语料，以及各类算法资源，如 CRF、NaiveB 等。

（3）第二层是工具层：将各类数据资源和算法资源集成后，构建面向一个个特定使用场景的工具，为图谱引擎和业务应用提供支撑。

（4）第三层是图谱引擎层：实现从知识图谱的构建、维护到学习扩展，以及图谱应用的解析。

（5）第四层是业务应用层：以三种应用方式——行业典型应用、知识图谱构建与应用、自定义应用，支撑具体的应用场景。

1. 行业典型应用

通过行业项目和产品实践，语义魔方选取了几类典型的应用场景，将其业务流程梳理明确，收集和整理相关的语料，然后采用工具训练好模型，最终形成完整的用户可直接使用的自动化、智能化处理的典型场景机器人和场景包。这种应用方式是最简单、最容易上手的，业务复杂程度也相对简单，适用于用户对自己的业务非常明确，且能在产品中找到对应应用场景的情况。

典型应用场景包，如知识卡片构建、合同分析机器人、文书识别填报机器人、话务质检、标书撰写机器人、报告机器人等，如图3-15所示。

图3-15　典型应用场景——知识卡片构建

知识卡片构建，又称专业文案阅读机器人，是从一篇专业文案中自动提炼出核心的知识点，如快速抽取大文本的标题，凝练文本摘要，识别文本涉及的任务、研究对象等，实现机器的自动阅读，能够帮助用户快速了解此文案的要点，判断是否需要深入阅读此文，让用户提高阅读和检索的效率。

专业文案阅读机器人依赖语义魔方篇章文本的语义分析能力。不同的专业文案的阅读，其构建的业务流程大体是相同的，但其中需要提取的核心知识点、具体的算法工具、语料资源以及构建的模型等都不尽相同。故而我们将其中共同的内容产品化，其余根据业务需要变化较大的部分采用产品实施和业务梳理的方式构建起几种典型专业文案的整套场景包，以供用户直接使用。另外合同分析机器人也是一种典型的应用场景，如图3-16所示。

图 3-16　典型应用场景——合同分析机器人

合同分析机器人是针对合同文本这种特殊的文本进行分析的机器人。其实现逻辑类似专业文案阅读机器人，也能实现机器的自动阅读，区别在于合同文本有一定的格式或者规范，其中需要提取的要点大同小异，所以我们将其单独作为一个场景机器人，可以实现各类合同文本的自动分析。

当然合同分析机器人也有区别于专业文案阅读机器人的地方，那就是合同载体本身往往多种形式，有电子合同和纸质合同之分，另外特别针对纸质合同还有印刷体、手写体之分，这些不同的形式需要用到的工具和模型不尽相同。我们将其可能涉及的各类场景汇集起来，构建合同分析机器人，实现合同文书的自动识别和分析。

2. 知识图谱构建与应用

知识图谱构建包括两个阶段：概念图谱梳理与构建，实例图谱构建。语义魔方提供了从概念图谱构建到实例图谱构建，最后形成知识图谱应用的图谱全过程和全生命周期的管理。知识图谱的构建功能包括支持自底向上和自顶向下两种构建图谱方式，支持结构化、半结构化和非结构化三种可处理的数据类型，如本地表格文件、数据库表和视图、文本数据等。

基于知识图谱的应用相对来说也比较典型，如基于知识图谱的精准问答、语义搜索等场景。与第一种典型应用场景相比，其难度主要在两个方面，一是业务难度，需要首先构建行业知识图谱，为应用创建一个能够理解业务的逻辑空间，语义魔方采用拖拽式的方式来构建知识图谱，如图 3-17 所示，所见即所得，让用户可以直观看到自己构建的知识图谱在一点一滴地积累和扩展；二是技术难度，图谱解析算法的构建，语义魔方在这方面将图谱解析算法融合到基于知识图谱的应用场景上，让用户通过简单的配置就能够搭建起应用来。

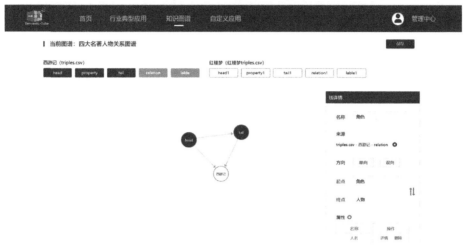

图 3-17　拖拽式构建知识图谱

　　知识图谱构建的数据有多种来源，有来自线下整理的表格、数据库记录、文本数据等。其中针对线下整理的表格和数据库记录，我们通过一种所见即所得的拖拽式构建图谱的方式来实现，如图 3-17 所示。我们将表格中的表头拖拽到下方的画布中，将其作为图谱中的点、线或者属性，当所有表头拖拽完成后，表头下方的所有表格数据将自动构建图谱。另外针对数据库记录，我们还提供一种自动数据 DNA 的方式来自动构建图谱，即通过分析数据库的表结构、外键关系、存储过程等自动构建数据关联，形成图谱。针对文本数据，我们通过语义魔方本身的语义分析能力，构建模型来实现实体和实体关系的识别。

　　知识图谱构建完成之后，语义魔方产品支持快速构建基于知识图谱的应用，如智能问答，如图 3-18 所示。

　　基于知识图谱的智能问答，可以分为直接问答、统计问答和推理问答这几种。直接问答是指图谱中直接可以获得的知识，如某个实体的某个属性是什么，某两个实体之间的关系是什么等。而统计问答则需要附加一些统计计算，如统计满足某个条件的实体有多少。最难的是推理问答，需要增加推理逻辑，能够回答出图谱中没有的知识，如推测某个实体未来可能发生哪些事件，以及有哪些预防措施等。

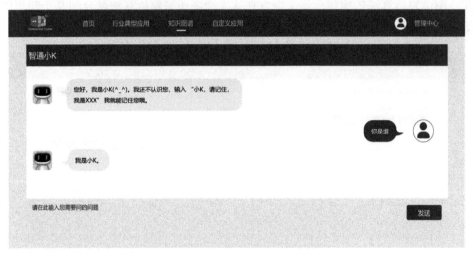

图 3-18　基于知识图谱的智能问答

3. 自定义应用

除了上述两种典型的应用方式之外，对于相对比较个性化、千变万化的智能服务分析需求，可以采用流程化的工具来引导用户自己定义并构建自己的应用。这种应用方式比较复杂，主要是因为对于一个完全个性化的业务，需要用户理解自己的业务，并通过合适的工具和流程去实现它，语义魔方提供了向导式、流程化的方式，让用户可以选择自己需要的工具、语料，然后通过在线的模型训练，形成用户最终使用的自定义应用。

自定义应用的操作，包括以下几步。

（1）业务分析：用户根据自己的业务需求，绘制业务流程，选择合适的工具组件将业务串起来，如图 3-19 所示。

（2）业务语料准备：涉及特定的行业时，还需要准备一些业务语料，如行业字典、行业文本材料等，为语义建模做准备，前面说到专业文案阅读机器人时也提到，不同的专业文案需要识别的要点不同，内容也不同，那么语料就是这些不同内容的体现，如图 3-20 所示。

（3）语义建模：根据业务流程的定义构建相应的语义分析模型，建模的过程按照向导的指引一步步完成模型的构建和训练，这步是实现的过程，只有将模型构建完成才能支撑具体的场景机器人工作，模型构建过程如图 3-21 所示。

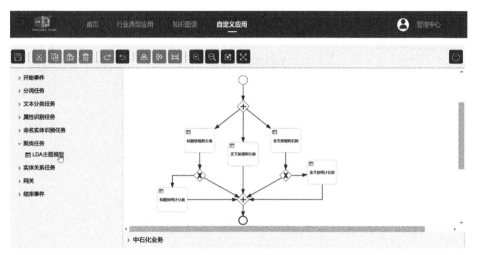

图 3-19　业务分析

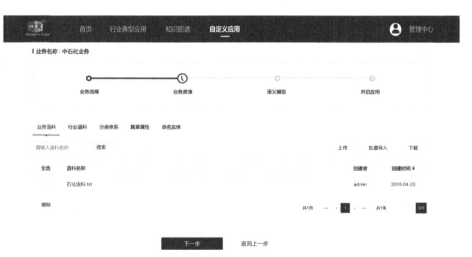

图 3-20　业务语料准备

图 3-21　语义建模

（4）应用建模：根据业务需求定义的语义分析模型构建完成后，最终需要实现一个特定的语义分析应用，目前支持两种应用方式：快速应用，在产品中生成一个 DEMO 应用页面；服务型应用，提供服务接口给其他应用系统调用。输出的结果内容和形式的展示用户可以自行定义，目前支持文字、饼图、柱状图、网状图、热力图等展示方式，如图 3-22 所示。

图 3-22　应用建模

综上所述，语义魔方的优势主要如下。

1. 业务适应性强

业务模型构建和业务场景架构能力，可以根据灵活多变的业务需要，将工具进行组合百变，能够适应各类智能服务、应用场景和不同行业图谱构建，形成自定义智能应用，满足多变的智能业务需求。

2. 工具完备

语义魔方除了在应用方式适应用户的业务需求外，在算法工具上也在不断地更新和延展，目前已经集成了自然语言处理工具、图像识别工具、图谱解析工具和大数据工具四类，能够适应多数知识工程和智能业务需求。

3. 智能化程度高

语义魔方具有近十年的行业积累，丰富的企业智能化业务项目实施经验，深入的行业业务理解，不断积累的行业语料，以上这些可以减少行业用户使用的"磨合期"。此外，语义魔方还具有超强的自动构建、自评价、训练、反馈、优化能力，以不断提升产品的智能化程度。

4. 一图胜万言

产品的设计遵循"一图胜万言"的理念，在各个环节践行可视化的思路，让用户所见即所得，减少学习成本，如行业图谱构建过程可视化、图谱结果可视化、图谱应用和反馈可视化、业务流程可视化等。

3.3.2 知识应用产品——Smart. KE

Smart. KE 是知识工程应用服务平台级产品，围绕企业的业务需求连接知识与知识、知识与人、人与人，支撑业务运营过程中的知识共享交流、知识运用、知识创造、知识积累，实现业务活动知识化、管理过程可视化、运营结果预知化，最终达到企业知识资产管理与增值的目的。

Smart. KE 定位于改变企业面临的无知识、弱知识、死知识的"知识荒"困境，为客户提供企业级知识服务平台，实现跨部门、组织、地域的知识分享；是企业业务提效的辅助引擎，实现面向业务的知识汇聚与共享；是个人工作与学习的知识助手，实现任务级与角色级的知识推送。

Smart. KE 的设计思想包括三个方面。

1. 大连接有大智慧

"总有一天，我们不必再重复发明任何东西。我们会有一个巨大的数据库来储存、检索、共享人们的创意（idea）。如果这样，人们就不必再浪费时间去钻研别人已有的创意，只需利用这些创意来设计新产品即可。'知识工程'暨为实现这个构想的第一步"这是"CATIA 之父"Francis Bernard 曾经说过的一段话。

Smart. KE 成功实践了这一构想，并实现超越。它实现了内外部信息的汇聚，实现了伴随业务过程的共享复用，让业务人员不再重复发明轮子，让每个人都能站在巨人的肩膀上，这都是连接的智慧。

2. 组件化云服务化，应用可以有个性，还能快速搭建

对知识工程的用户来说，不需要重复发明轮子，而对开发实施团队来说，多变的应用需求也让有很多重复性的功能可以抽象，所以业务组件化云服务化、基础服务云化，可以通过业务组件来快速搭建出一个拥有个性的应用，从而开发实施团队也可以不再重复发明轮子。

基于上述的设计思路，Smart. KE 形成了如图 3-23 所示的整体架构。

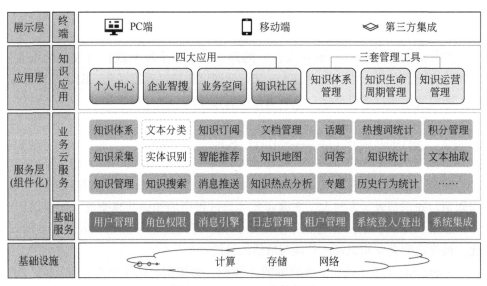

图 3-23　Smart. KE 整体架构

Smart. KE 的整体架构分为四层。

（1）基础设施：提供计算、存储和网络等集成设施。

（2）服务层：包括两类服务，基础服务，提供最基础的服务组件，如用户管理、角色权限、消息引擎、日志管理、租户管理、系统登入/登出、系统集成等基础服务；业务云服务，提供跟业务相关的服务组件，包括知识体系、文本分类、知识订阅、文档管理、专题等多种业务服务组件。

（3）应用层：通过服务层的组件可以快速搭建起业务应用，包括个人中心、企业智搜、业务空间和企业社区等。另外还有三套管理工具提供管理支撑，包括知识体系管理、知识生命周期管理和知识运营管理。

（4）展示层：主要是指展示的终端设备。

3. 人性化的交互设计

在项目的实践过程中，知识管理项目中存在系统使用门槛较高、需要较高的专业技能才会操作等问题。

所以在产品设计的过程中我们始终坚持以主流用户的视角看待问题，将业务的操作场景作为实现设计的根本。

在 Smart. KE 产品中的交互设计上做如下改进，如图 3-24 所示。

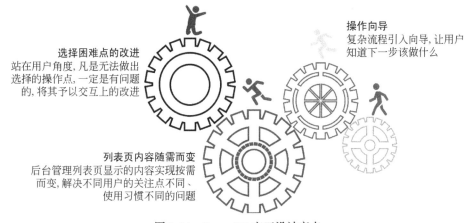

图 3-24　Smart. KE 交互设计亮点

Smart. KE 的交互设计亮点包括三个方面：选择困难点的改进、列表页内容随需而变和操作向导。

Smart. KE 的目标群体是那些希望将过往知识或行业知识进行知识全生命周期的管理，希望做到知识沉淀和知识传承的企业或个人，具体包括如下。

（1）需要对公司内部知识、团队资料做知识管理和知识挖掘的企业。

（2）需要对开放的行业知识、专有研究成果做知识管理挖掘的研究单位和学校。

（3）需要对个人经验知识进行管理或希望获取专家知识的团体或个人。

Smart. KE 包含三种使用方式，分别是 PC 端、移动端、第三方集成。

第一，PC 端方式，提供产品的完整功能。

第二，移动端方式，支持 Android 手机端和 IOS 手机端；不受时间、地点限制，能够方便客服提供服务；同时新消息实时推送提醒，不错过一个访客；能够完美承接 PC 端客服操作。

第三，第三方集成，第三方集成则提供了企业应用系统希望使用 Smart. KE 功能的机会，让产品更加灵活。

Smart. KE 从功能实现上来说，包含四大应用模块，分别是个人中心、企业智搜、业务空间、知识社区。这四个应用模块跟知识与平台的典型应用模式可以对应，其中，企业智搜对应智能搜索，业务空间对应业务空间，知识社区包含专题应用和知识社区大部分的内容，而个人中心则是知识社区中的重要内容之一。

在 Smart. KE 里，这四大应用模块是可以根据用户的不同，通过功能的"插拔"实现应用层的定制，所以包含的具体内容可以自行组合，如图 3-25 所示的组合方式。

图 3-25　Smart. KE 功能组件化

Smart. KE 业务云服务组件中的收藏、评论、话题发布、知识推荐、知识订阅、文档管理六个组件，通过不同的组合形成了三个应用模块，其中收藏、评论、话题发布和知识推荐形成了知识社区，收藏、评论、话题发布、知识推荐、知识订阅和文档管理形成了业务空间，文档管理、知识推荐和知识订阅形成了个人中心。当然根据其他的组件及组合方式可以形成更多的应用模块，这就是Smart. KE"快速搭建"的特点体现。

企业智搜系统页面如图 3-26 所示，为企业用户提供一站式知识获取的手段，而且在此能够进一步对知识进行统计分析与关联推理，让用户快速找到关注知识点，全面掌握领域发展全景图，包括知识搜索、知识发现、知识地图三大功能。

图 3-26　企业智搜

业务空间系统页面如图 3-27 所示，是完成任务的知识助手，为工作团队提供一体化知识共享与学习交流空间。

知识社区系统页面如图 3-28 所示。人和知识在技术/专业专题中汇聚融合，打造"志同道合者的知识吧"。按专题一键汇聚内部已有相关知识，及时推送外部最新前沿动态；形成跨组织的虚拟团队，与"志同道合者"想法碰撞，相互促进；交流精华可转化为知识，实现隐性知识显性化、个人知识组织化。

个人中心系统页面如图 3-29 所示，是私人订制的知识空间，用户根据实际需求实现知识内容定制推送服务与高效管理。包括关注推送、交流消息、个人知识管理、我的积分等功能。

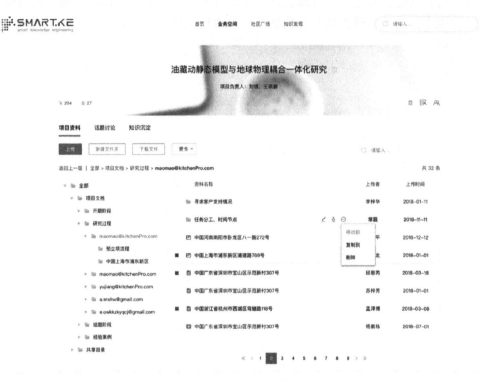

图 3-27　业务空间

　　此外，Smart. KE 提供三套管理功能，分别是知识体系管理、知识全生命周期管理、知识运营管理，为知识资产的持续积累，以及在知识工程平台上的高效共享应用提供支持。

　　知识体系即知识的组织与表达体系，是让系统能够从信息中找到知识，将知识与知识、知识与人形成连接，实现高效知识获取的基础，知识体系管理如图 3-30所示。

　　而知识全生命周期管理提供从采集、加工到知识校验入库的完整工具，实现知识资产的持续丰富。知识工程云平台可与语义魔方工具集成，简单配置后自动完成用户对网页型、数据库型等不同类型知识源的采集，并对采集过来的各类数据信息进行加工，实现从大文本中进行关键信息的抽取、将各类数据信息基于业务关系进行关联等，最后实现在 Smart. KE 产品上的具体应用。知识生命周期管理系统如图 3-31 所示。

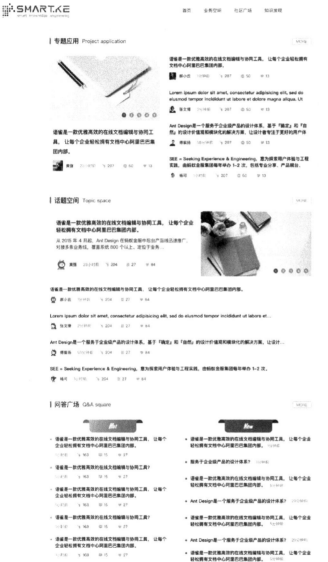

图 3-28　企业社区

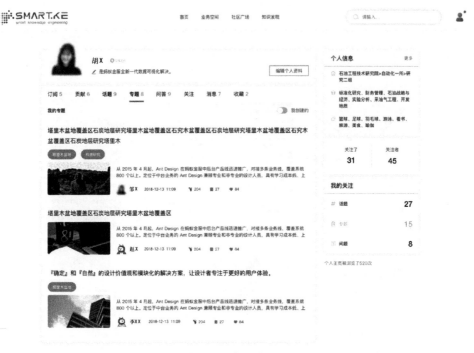

图 3-29　个人中心

图 3-30　知识体系管理

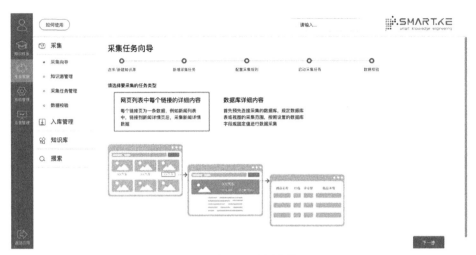

图 3-31　知识生命周期管理

知识运营管理提供知识贡献与应用的统计分析功能，结合管理手段，促进知识共享，充分发挥知识的价值。为管理者提供整个平台的运营情况的统计，可以按照组织、个人、知识类型等从不同维度进行统计分析，总览知识全局、寻找知识明星、掌握知识需求，为更有效地开展知识管理提供支撑，如图 3-32 所示。

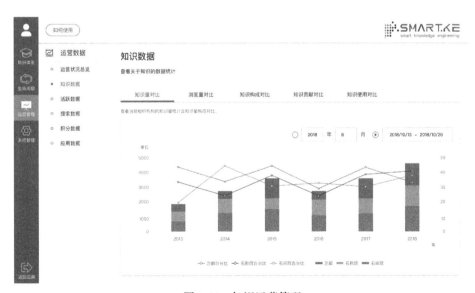

图 3-32　知识运营管理

Smart. KE 的特点和优势主要如下。

1. 联通

采用智慧语义技术，建立企业知识网，连接知识与知识、知识与人、人与人，能够支撑知识的高效获取和应用。

2. 协同

支持搭建多种知识协同共享与应用模式，为知识工程和智能化业务添砖加瓦。

3. 汇智

采用大数据云采技术，支撑内外部数据信息的汇聚，为联通、协同和共享提供数据和信息基础。

4. 共享

支持云平台开发部署，提供采集、加工、分享、管理、应用等云服务，实现全面共享。

5. 合作

与智能化的大数据处理、挖掘服务集成，形成强大产品矩阵，实现在不同场景的业务应用，满足用户个性化需求。

6. 先进

使用主流的 Spring Cloud 生态构建分布式系统，实现云原生、微服务。

7. 自由

实现了先进的微服务架构，以及根据用户的业务需要进行功能的定制，可满足不同企业的个性化需求。

8. 随需

不仅提供了基于 SaaS 的系统部署方式，还另外可以提供本地化部署以满足客户的不同需要。

9. 友好

基于用户需求的深刻理解，在产品设计之初就以主流用户的实际使用场景触发，以减少使用难度作为目的。

3.4 知识工程平台向智能平台的演进

目前，知识工程平台的智能化主要体现在知识挖掘技术层面，通过知识挖掘技术将知识按知识体系关联起来，然后通过各种不同的、甚至创新的应用模式将知识推送到最需要的用户手里。随着 AI 时代的到来，技术手段的不断创新，知识工程平台能做的事情还有很多，将逐渐向智能平台方向发展和演进，演化的方向主要包括以下几个方面。

3.4.1 去中心化

去中心化是让每个个体都有机会成为中心，而每个中心都依赖于个体，可以从三个方面来衡量是否实现了去中心化。

（1）系统架构层面：系统设计时物理部署是集中式还是分布式，由多少台物理计算机组成，由多少台虚机组成？在这个系统运行的过程中，可以忍受多少台物理计算机或者虚机的崩溃而系统能够依然不受影响？

（2）计算层面：去中心化计算是把硬件和软件资源分配到每个工作站或办公室的计算模式，而集中式计算则是将大部分计算功能从本地或者远程进行集中计算。去中心化计算是一种现代化的计算模式。一个去中心化的计算机系统与传统的集中式网络相比有很多优点，如现在计算机发展迅猛，其潜在的性能远远超过要求的大多数业务应用程序的性能要求，所以大部分计算机存在着剩余的闲置计算能力。一个去中心化的计算系统，可以发挥这些潜力，最大限度地提高效率。

（3）用户和管理层面：面向多少用户个人或者组织，对组成系统的计算机拥有最终的控制权？部分个人或组织的不作为，是否会对知识的运营、管理和应用会产生影响？

去中心化主要具有如下优点。

（1）解决容错性问题。去中心化系统不太可能因为某一个局部的意外故障而停止工作，因为它依赖于许多独立工作的组件，它的容错能力会很强。

（2）抗攻击性。对去中心化系统进行攻击破坏的成本相比中心化系统更高。攻击中心会使整个中心化的系统瘫痪，而去中心化的系统，攻击任何一个节点都不会影响整个系统。

（3）抗勾结性。去中心化系统的参与者们，很难相互勾结。每一个节点都是平行的，不存在上下级、主从的关系，都是平等的。

对于知识工程平台而言，系统架构层面和计算层面的去中心化体现在技术方面，用户和管理层面的去中心化体现在设计思想上的变革，去中心化的知识工程平台将更加合理和智能。

3.4.2 实时计算

实时计算是相对于离线计算而言，不存在离线计算在数据处理方面有延迟性的问题。

知识工程平台在对历史数据、资料进行知识挖掘时往往采用批处理式的离线计算，将结果缓存起来，然后在知识应用时调用和读取。而对于更多的应用方式来说，如最新的热点是什么？这样的业务场景需要实时的数据计算结果，需要一种实时计算的模型，而不是批处理式的离线计算模型。

3.4.3 边缘计算

知识工程平台在知识挖掘和分析处理、应用等方面需要大量的计算工作，目前企业级知识工程平台通常采用私有云的方式来解决计算问题，而 Smart. KE 产品则更进一步，可以采用公有云的方式，让用户成为其租户来解决计算和应用问题。

云计算有着非常多的优势，比如云计算的整合和集中化性质被证明具有大的成本效益和灵活性，还有云中心具有强大的处理性能，能够处理海量的数据等。但集中式云计算并不适合所有的应用场景和实际业务。云计算需要依赖高速的网络和频繁的网络传输，联网设备的数据处理主要是在云端进行的，将海量的数据传送到云中心是其中一个难题，云计算模型的系统性能瓶颈在于网络带宽的有限性，联网设备和云中心之间的来回传送数据、云中心处理数据不可避免地带来一定的时间延迟，数据量大时可能需要几秒钟的时间。当然对于很多应用场景和目前发展越来越快的网络传输来说，这点延迟可以忽略不计，但涉及一些对时间灵敏度大的场景，甚至有一些应用场景发生在网络不够发达的地方时，这就非常关键。这时，边缘计算应运而生。

边缘计算指的是在网络边缘结点或者数据产生源附近来处理、分析数据。使得数据能够在最近端（如电动机、传感器或者其他终端设备）进行处理，能够减少在云端之间来回传输数据的需要，进而减少网络流量和响应时间。

对于知识工程平台来说，业务范围会越来越广，很多应用场景是发生在移动端，甚至是野外作业的情况，此时网络环境往往并不好，采用云计算方式造成的时间延迟，甚至无法使用的情况，对用户来说非常不友好，甚至会影响知识工程平台的推广应用和智能化发展，故而边缘计算是知识工程平台未来发展的一个重要方向。

3.4.4　认知能力

认知能力是指人脑加工、储存和提取信息的能力。它是人们成功地完成活动最重要的心理条件。知觉、记忆、注意、思维和想象的能力都被认为是认知能力。

认知能力包括了学习、研究、理解、概括、分析以及接受、加工、储存和应用信息的能力，是 AI 研究的重要研究内容和方向。在这一方面，目前的知识工程平台只能够实现其中一部分，而对于学习、研究、概括等能力还有待 AI 技术的进一步发展，故而知识工程平台想要向智能平台跨进需要提高认知能力。

4 AI 知识工程实施方法论 DAPOSI

4.1 知识工程实施方法论诞生的背景

企业实施知识工程是个系统变革的过程，涉及企业的各级、各单位人员、流程、信息管理系统等方面，实施前后的状态差异主要包括两个典型的标志：一是在企业中运行的知识工程平台和与之交互的业务系统，二是企业成员对应用知识改善个人业绩的主动性和产生知识为企业创造价值的主动性，也就是企业文化的变革。这样深入人的头脑和行为的变革，不可能一蹴而就，需要一个过程来指导循序渐进地深入企业和员工的肌体中，即企业实施知识工程的方法论。

智通科技的知识工程团队，在长期的咨询与实践中，形成了知识工程实施方法论 DAPOSI，之后的案例分析都是基于这个方法论实践的成果。

4.1.1 DAPOSI 是什么

4.1.1.1 DAPOSI 的名称

企业实施变革的流程 I-BASE 如图 4-1 所示，包括了 5 个阶段，这实际上是咨询服务提供商与客户协同工作，推进变革实施的流程。每一次 BASE 循环完成自己的既定目标，同时又能够促进企业按照长期目标稳步前进，最终达到变革的目的。而实施知识工程是企业实现组织创新的典型方式，因此也采用这个流程，只是在实际操作中最后的"实施"阶段采用的方法论，是专门针对知识工程特点而建立的 DAPOSI。

DAPOSI 这个名称是由于这套方法论包括了六个阶段：定义阶段——定义整体项目（define）、分析阶段——分析业务模型（analyze）、定位阶段——定位改进点（position）、构建阶段——构建运行模型（organize）、模拟阶段——模拟系统运行（simulate）、执行阶段——持续实施项目（implement），如图 4-2 所示。每个阶段名称的首字母就组成了这个名字，正好与中文的"大博士"发音类似，所以大家也就习惯了称它为"大博士方法论"。

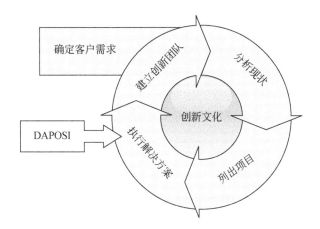

图 4-1 企业实施变革的流程 I-BASE

图 4-2 企业实施知识工程的方法论流程

4.1.1.2 DAPOSI 的理念

作为一个针对企业实施知识工程的专业的方法论，它的理念包括三个方面。

1. 面向企业业务，面向企业战略目标

DAPOSI 是企业自上而下地实施知识工程的策略，以知识的产生和应用为主线，整合企业管理的各个环节。

2. 以项目为基础，以知识继承和创新为手段

DAPOSI 认为企业生态系统是一个自适应复杂系统，企业生存的要诀是不断提高适应环境的能力。而企业的遗传基因就是知识，知识的继承和创新决定了企业的适应能力。DAPOSI 以自适应复杂系统理论为基础，采用 CommonKADS 方法建模梳理企业知识以实现继承与共享，以知识挖掘为核心技术实现知识创新。在实践中，DAPOSI 采用项目管理方式，完成与此业务配套的知识梳理，建设能够适应企业生态环境变化的知识工程系统。

3. 提高业务流程的知识性，改进企业绩效

知识是信息之间的相互关联，通过对业务流程在时间和空间的知识挖掘，寻找其背后的规律，从而提高企业的市场占有率，改进企业绩效，这是实施知识工程的目的，也是检验其是否有效的标准。

这三个方面分别描述企业按照这个方法论实践时的需求来源、实践过程和最终效果。

4.1.1.3 DAPOSI 的成果

企业完整地实施一次 DAPOSI，最为典型的成果包括三个。

1. 知识体系设计

知识体系要解决的是知识工程"管什么""用什么"的问题，包括对知识内容的设计和对所有知识的组织结构设计。

传统的知识体系核心是知识分类，构建成知识树。分类是基于一套结构化的名称和描述，将资源加以组织的方式，知识分类通常基于设计好的逻辑组织，使企业能够高效地检索和共享知识。然而当今我们应用知识的方式发生了很大的变化，因为知识有着广泛的内容和特征属性，基于这些属性能够在知识之间建立起多种联系，通过知识的关联，我们能够实现知识的扩展、聚类和分类。因此，新兴的知识体系核心是知识关联，构建成知识网络。

DAPOSI 中的知识体系设计，包括四个内容：知识分类设计、知识关联设计、知识模板设计、知识库设计。

2. 知识工程系统

企业实施知识工程，严格意义上讲，知识工程有始无终，需要企业持续投入，系统持续运转，因此这样的一个支撑系统是必需的。它是整个知识管理体系中的 IT 支撑，在线上层面解决好知识管理采、存、管、用的问题，能够满足基本的知识管理与业务应用的需求，典型的功能包括：信息源采集、知识挖掘、知识全生命周期管理、知识服务、业务场景化应用，以及系统管理、安全管理、运营支撑等。

3. 运营保障系统

知识工程系统，与其他信息化系统或业务应用系统的一个显著区别在于，它不是上线后就会自动地伴随着业务开展就运行下去，知识对业务的伴随和支撑作用，总是需要用户主动一些，查询、判断、筛选、创建等，换而言之，知识运用也要做功。然而，单纯靠用户自觉自愿是远远不够的，除了在软件系统开发中考虑更多的自动化、智能化因素外，还需要从管理制度上加以引导和约束，这就是知识工程系统运行必须配备的运营保障系统。

运营保障系统可以分为两个部分：保障子系统和运营子系统。前者以企业内部管理文件的形式设计知识管理需要的组织设置、流程建设、制度建设、资金保障机制及考核与激励措施，从线下管理层面解决好知识管理谁来管、怎么管、何时管的问题。后者的目标是要在知识工程系统上线之后，增加用户黏性的运营活动，使知识管理系统的知识内容不断丰富、用户活跃度持续提升，让越来越多的用户习惯使用知识管理系统。只要有人用，就能够发现新的需求、改进的要求，就会有新的知识产生，整个体系步入良性循环，实现"让知识创造价值"的核心目的。

因此，可以这样说：保障子系统是静态的，运营子系统是动态的，只有二者结合，才能让知识工程系统长久有效地运行下去。

4.1.1.4　DAPOSI 的目标

企业按照 DAPOSI 实施知识工程，最终能完成什么变革性的发展呢？这里用三句话来描述：业务活动知识化、管理过程可视化、运营结果预知化。

1. 业务活动知识化

业务活动，就是为企业达成业务目标而执行的增值活动，无论是制造型企业还是服务型企业，都有自己独特的赖以生存的业务流程，这个流程中的活动就是业务活动，当然我们关注的是那些重要的增值活动。例如，产品研制过程中的关键活动，包括客户需求分析、概念设计、系统设计、模块设计、生产实现等；课题研究过程的关键活动，包括收集资料、主题研究、团队研讨、形成报告等。

所谓知识化是相对于信息化、数据化而言的，也就是按照 DIKW 的层次模型，我们要在这个实践知识工程的过程中，找到真正的知识，而不是又做出一套信息管理系统来。当然对于用户而言，其实不必细分是数据、信息还是知识，其关心的是知识工程能不能做到给用户描绘的蓝图：在合适的时间把合适的内容推送给合适的人。所以在真实的知识工程系统中，不仅要能够找到所需要的信息和数据，还要找到信息背后的关联，找到各参数的发展变化趋势。而对于业务活动来讲，重要的关联或者趋势，就是挖掘出业务活动的各关键要素之间，以及它们与业务活动的目的的相互影响关系，这些才是数据背后的知识，能够用于指导业务活动改进的方向。这样能够为业务改进做到事半功倍效果的知识，即"杠杆知识"。

2. 管理过程可视化

可视化（visualization）是研究数据表示、数据处理、决策分析等一系列问题的综合技术。科学可视化处理的是那些具有天然几何结构的数据（如气流），信息可视化处理的是抽象数据结构，如树状结构或图形，知识工程中涉及的可视化是属于信息可视化的范畴。目前正在飞速发展的虚拟现实技术，是以图形图像的可视化技术为依托的，我们经常能够从科幻电影和一些高新技术展示会上看到，一些游戏也采用这种方式，给玩家逼真而难忘的体验。把这样的技术用于知识工程系统，能够大大丰富知识的展示方式，如复杂的关联关系、模型等，也可以提高用户的兴趣。而把它用于管理过程，即在业务运营的过程中，根据执行的活动采用合适的可视技术，使业务系统的状态显现出来，使人们能方便、快捷地了解系统的状态、可能出现的问题，同时提供相应的应对措施、经验、方法等，就能够进行有效的风险规避，从而提高项目的成功率。

3. 运营结果预知化

以产品研制为例，产品运营指将产品放在市场上被客户认可的过程，这是产品设计的最终目的，以及产品设计好坏的唯一检验标准。运营是一个真实的复杂系统，它涉及人的细微的感觉变化，增加了人或人群变量的系统要做到精确预知是不可能的，但是可以预测大的方向和失效模式，从而提前做好预防措施，这就是信息和知识的价值。随着运营数据越来越大，结合数据挖掘技术，人们对产品的市场表现的预测会越来越准确，知识的增益价值就越来越明显。

实际上，这三个目标是理想化的描述，而我们永远走在通往理想的路上，每经历一次 I-BASE 的循环就离理想化的状态更近一步。

4.1.2 DAPOSI 的理论基础

DAPOSI 的诞生是应运而生，它综合了多种学科的理论与实践，包括：项目管理、系统工程、软件工程、知识管理、数据仓库、数据挖掘、商业智能等。这里简单介绍对 DAPOSI 的思想影响最大的三个部分：项目管理、知识模型、系统工程。

1. DAPOSI 中的项目管理

项目管理的发展已经非常成熟，在各行各业的实践非常充分，相关的人才培养也比较规范，因此依托项目管理的方式来实践知识工程，一下子就让知识工程具有不容置疑的规范性和可操作性。

项目管理的内容是贯穿 DAPOSI 始终的，从定义阶段的立项与项目策划，到各阶段的跟踪与监督，直至执行阶段的验收、复盘和结项，是个完整的项目周期。因此，各个阶段都会有相应的项目管理内容穿插其间，只是不像定义阶段这么纯粹，因为各个阶段的目标不同。例如，分析阶段主要是业务分析，它依据的方法主要是流程梳理和知识组织；定位阶段主要是语义系统构建，它用到大量自然语言处理和数据挖掘的原理和方法；构建阶段主要是软件的设计和开发，模拟阶段主要是试运行，执行阶段主要是验收交付，它们使用大量软件设计、开发、测试、管理、维护的方法和规范。所以，知识工程实施是个复杂的过程，涉及工程类和管理类多种学科的融汇。

2. DAPOSI 与知识模型

实施知识工程，最重要的是找到企业的知识是什么，把它管理起来，让它应用起来，不断增值。DAPOSI 就是围绕着这个逻辑开展的。

如图 4-3 所示，在定义阶段，需要明确的是实施知识工程的业务目标，这就是确定了 W——智慧。之后在分析阶段进行业务梳理，找到业务增值点和它需要的杠杆知识，这就是从 W 到 K——知识；在定位阶段有知识牵引做信息源的梳理和分析，直至原始数据，这就完成了从 K 到 I（信息到 D）数据的分解，同时要探索好如何做到信息集成，并将信息加工处理称为知识，如是信息分类、抽取精细化的信息，还是信息关联，甚至是模式识别？这些逻辑上的内容全部在定位阶段完成。那么到了构建阶段之后就是按照这整个贯穿的逻辑进行软件的设计、开发、实施，也就是又从 D 回到 I，上升至 K，直至执行阶段实施后验证知识工程系统是否确实为企业的业务增加了价值，这也就是实现了 W。

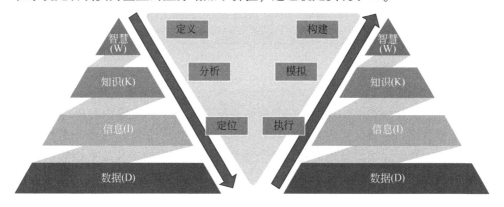

图 4-3　DAPOSI 中的 DIKW

3. DAPOSI 与系统工程

在企业中实施知识工程，是一场变革，涉及的组织单位众多，各个岗位的人员众多，需要集成的信息来源众多，知识挖掘的过程需要强有力的新技术支撑；建立了知识工程系统之后，保障知识的常用常新，需要不断地激励，因此需要有企业的流程、制度、激励措施、组织保障。总而言之，实施知识工程是个复杂的过程，是一项系统工程，必须按照系统工程的思路和方法开展工作。

图 4-4 是系统工程的技术过程。系统工程遵从下行到上行的过程，下行即系统分析，从系统的要求和设计，分解到子系统，直至最低配置项的要求和设计；上行即系统综合，按照设计的级别分别验证，之后集成，直至用户在系统级的验证。

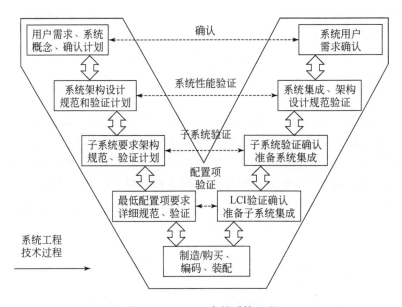

图 4-4　DAPOSI 中的系统工程

如果把 DAPOSI 的实施作为一个总体系统，那么按照实施内容可以把它分为几个子系统：业务分析子系统、软件子系统、硬件子系统、保障子系统、安全子系统。我们能够清晰地看到，各个子系统是不同步的，又是互相联系和支撑的。例如，业务分析子系统的输入来源于定义阶段的项目范围与目标，在分析阶段开展具体的业务分析活动，其结果是设计的知识体系，这用于指导后续的软件系统设计与开发。而软件子系统的主要活动覆盖到定位、构建、模拟三个阶段，完成信息系统集成、技术路线验证、软件系统设计、开发与上线。硬件子系统是为了承载和保障软件系统运行的，从项目周期上看，它在模拟阶段与软件子系统上线同步完成采购、部署即可。而保障子系统涉及知识运营的保障体系、运营体系设计、评审、发布、运行，与软件系统有联系，但是更多是企业规章制度、组织架构等的调整与适应。安全子系统要求知识工程系统的运行完全满足企业对于知识安全的管理要求，它落脚到两个子系统：软件子系统和保障子系统。

可见，经过这样的区分和梳理，我们能够清晰地理解知识工程实践中的各项内容及其特点，能够为之匹配相应的团队，并且让这些团队互相理解彼此的工作节奏和接口关系，让整个复杂的过程和多重的交付物得以有序地开展。

4.2 DAPOSI 步骤

DAPOSI 整个流程分为六个阶段，18 个步骤，如图 4-5 所示。

D. 定义阶段	1. 项目可行性研究 2. 建立项目团队 3. 申请项目立项
A. 分析阶段	4. 分析业务模型 5. 梳理知识来源 6. 设计知识体系
P. 定位阶段	7. 验证信息源集成 8. 构建语义系统 9. 验证技术路线
O. 构建阶段	10. 设计软件模型 11. 设计保障运营 12. 开发实现系统
S. 模拟阶段	13. 系统初始化 14. 优化智能模型 15. 系统正式上线
I. 执行阶段	16. 系统验收与交付 17. 发布保障体系 18. 启动运营体系

图 4-5　DAPOSI 的流程与步骤

4.2.1 定义阶段

定义阶段的目标,是策划项目整体方案并完成立项。这个阶段的输入包括企业发展战略、企业组织管理架构、企业业务运营机制、企业知识管理现状、行业市场调研信息等,以及客户单位的企业项目立项管理规范及相关模板。输出包括需求调研问卷和需求调研分析报告、可行性研究报告、项目实施方案、立项申请及立项评审记录、项目总体计划书等。这个阶段完成的标志是项目立项通过,正式启动。

定义阶段如图4-6所示,分为步骤 D-1 项目可行性研究,D-2 建立项目团队,D-3 申请项目立项,总体思路是:分析企业的战略发展方向、组织结构和管理模式,识别企业对于知识工程的业务需求,明确企业实施知识工程的目标、范围、建设路线、团队等,制定合理的项目整体实施方案。这个阶段的里程碑——立项评审,虽然处于第三个步骤,但是重要的基础工作位于第一个步骤,企业的需求调研和可行性研究,第二和第三步骤按照项目管理的要求按部就班地开展即可,因此第一个步骤完成的质量基本上决定了这个阶段的任务成功与否。

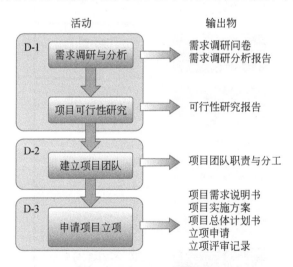

图 4-6　定义阶段的思路图

4.2.1.1　D-1 项目可行性研究

这个步骤的目标,是通过需求调研分析,对企业实施知识工程的可行性进行分析，为项目立项提供可行的依据，判断项目是否应该投资。

D-1 的操作上包括企业需求调研和项目可行性研究分析两个活动。

在需求调研中，当然希望能获得越多客观的信息越好。然而知识工程涉及面繁多，通常在整个项目中调研会组织多次，这就需要我们为每一次调研设计好目的和方法。在 D-1 这个阶段的调研，是以准备立项、明确需求为主要目的，它的准备工作包括两大类内容。

1. 调研组织准备

第一次调研一般以覆盖所有涉及单位和岗位为主，这不仅仅是一次需求的收集，而且是正式向企业人员宣告：管理层正在认真审视是否要上马做这样的事。因此，人员组织、事务协调都要提前沟通确认。

2. 调研内容准备

调研的目标是为可行性研究和项目立项找输入，因此涉及的内容不但要全面，还要在一些重要的业务方向上具体、深入，能够切到痛处。因此，要了解什么，如何了解，如何甄别信息真伪，要提前考虑好。

基于此，知识工程项目的需求调研活动，如图 4-7 所示，从知识工程理念宣贯开始，为不同层级的人员设计不同的调研内容和方式方法，最终形成调研分析报告。

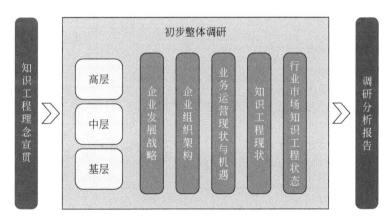

图 4-7 知识工程项目的需求调研活动图

常用的需求调研方法有：调查问卷法和当面访谈法。调查问卷法，现在通常都是通过网络发放和回收，成本低，涉及面广，但是缺点是不容易判断信息真伪，也不利于信息深入挖掘。当面访谈法，成本较高，但优点是能够面对面澄清信息或认识，更适合深入挖掘数据。因此，我们通常建议的方法是调查问卷法做第一轮普查，收集一般性信息；之后圈出重点，安排当面访谈，采用交叉确认的方式甄别信息真伪，并针对重点业务方向，深入挖掘信息。

表4-1是知识工程项目调研访谈的内容设计实例。

表4-1　知识工程项目调研访谈内容框架

目的	需要了解的内容	访谈对象	辅助方式
明确项目范围与目标	行业和单位对知识管理的战略	公司高层	行业、企业发展战略，规划等
	企业的知识管理现状		
	企业关于知识管理的业务需求		
	企业对于实施知识管理的决心		
	企业知识管理项目组织	项目负责人	企业知识管理现状的已有分析，项目策划书等
梳理业务模型	重点关注的业务及其业务流程，对于业绩最重要的业务活动	业务部门负责人	业务流程图，业务说明
	某业务的关键业务活动	业务人员	业务流程图，业务说明
	关键业务活动中的人员与能力		岗位培养计划或上岗说明
	关键业务活动中的工具、IT系统		工具或系统演示
梳理知识来源	关键业务活动中需要的资料、文档、数据来自哪里		
	数据源信息		
梳理知识应用	知识获取方式		
	当前的可用获取方式		
	知识获取的安全管理		信息安全管理制度或要求
保障体系	知识共享意识与体系	业务部/信息部人员	相关制度、流程、岗位职责、活动
	知识运营意识		项目策划

在企业知识工程需求调研分析报告中，重点阐述调研目标与范围、调研结果分析与原始信息附录，以及对企业实施知识工程项目的建议。

基于调研成果，开展企业实施知识工程项目的可行性研究分析活动，输出可行性研究报告，内容包括企业现状、实施知识工程的需求分析、项目目标、项目实施范围、可选方案与风险分析、效益分析。

项目可行性研究内容的一般流程，如图 4-8 所示。

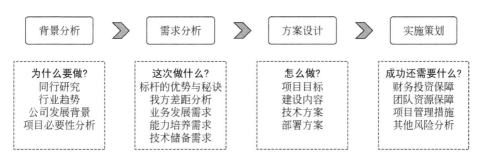

图 4-8 项目可行性研究分析的流程与内容图

在可行性研究的过程中，也会得出一些初步的结论和项目建议，其中最重要的是对项目目标的设定。如图 4-9 所示，制定项目目标，分别从企业发展战略这个总体目标、业务发展的长期目标和当前企业知识工程实施状态（即短期目标）三个层面自上而下、从大到小地理解和明确本项目的建设初衷和目标。好的项目目标能够权衡企业长期与短期的利益，能够兼顾投入与产出，能够引导出合理的业务范围和实施计划，可以说是项目实施的核心和基础。

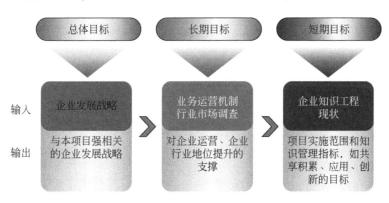

图 4-9 制定项目目标的思路图

这个步骤可用的工具如下。

（1）指导书：知识工程需求调研与分析指导书、项目可行性研究分析指导书；

（2）模板：知识工程需求调研模板、知识工程需求调研分析报告模板、项目可行性研究报告模板；为了规范化 DAPOSI 的所有文档，这个步骤提供了另两个基础模板：DAPOSI 指导书模板和 DAPOSI 规范模板。

4.2.1.2 D-2 建立项目团队

基于上个步骤的输出"企业实施知识工程项目的可行性研究报告",本步骤开始准备立项,整个立项活动的完成在下个步骤,本步骤关注的是项目团队组成,采用的方法主要是项目管理中的项目策划的干系人管理。这是因为知识工程项目涉及的企业一般层次多、领域多、岗位多,仅靠建设商是很难完成的,必须形成供需双方的联合团队,明确团队及职责,组织架构图,对外汇报机制,对内沟通机制等,得到相关人的认可与支持,才能启动项目。

这个步骤中可用的工具包括如下。

(1) 规范:项目实施规范;

(2) 指导书:制定项目总体计划的指导书;

(3) 模板:包括项目团队成员职责表模板,项目组织架构图模板,项目内外部沟通机制约定书模板。

图 4-10 是一个集团型企业实施知识工程的项目团队,包括两个层次:项目领导层和项目管理与实施层。可以看到,其中项目领导组、业务专家组和试点单位,都是客户方的人员,这就是需求方深入参与项目的表现。

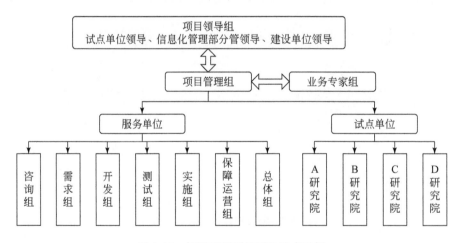

图 4-10 知识工程项目团队组成示例

项目领导组对于双方的合作和项目的顺利开展非常重要,这些成员的职责通常包括:

(1) 负责贯彻执行集团领导的决策;

(2) 负责定期向集团领导进行项目工作汇报;

(3) 负责项目总体管理、检核项目执行的质量、进度、资金使用情况;

（4）负责协调解决项目中出现的重大问题；

（5）负责审核项目的业务方案。

在知识工程项目中，另一个特别重要的组是业务专家组，他们的职责包括：

（1）参与知识体系的审核；负责应用过程中知识体系的验证与完善；

（2）负责系统需求提出及确认，测试方案与用例的确认；

（3）参与保障运营体系的梳理与完善，参与体系内审；

（4）负责本单位系统上线的培训和辅导业务人员开展应用。

4.2.1.3　D-3 申请项目立项

这个步骤的目标，是完成项目立项的准备、评审，得到企业关于立项的决策结论。它的输入包括 D-1 的需求调研分析报告、项目可行性研究报告；D-2 的项目团队；客户单位的企业项目立项管理规范、项目立项申请表模板、项目立项评审报告模板。输出包括项目需求说明书、项目实施方案、项目总体计划书［含WBS（工作分解结构）、任务计划及跟踪监督计划、风险管理计划、质量保障计划、需求管理计划、配置管理计划、测试与验证计划、项目内部培训计划］、立项申请、立项评审记录。

如图 4-11 所示，它延续 D-2，按照客户单位的立项管理评审要求，完成立项评审需要的入口材料，通常会包括立项申请、项目总体计划、项目实施方案等；然后按照要求开展立项评审工作，如果评审通过，项目启动，正式开始实施；如果没有通过，按照评审结论，调整项目内容安排再次评审，或者终止立项申请。

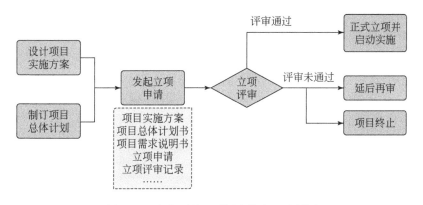

图 4-11　企业项目立项评审的流程示例图

这个步骤用到的工具如下。

（1）规范：项目实施规范；

（2）指导书：知识工程项目实施方案的指导书，制订项目总体计划的指导书；

（3）模板：项目实施方案模板、项目总体计划模板、客户单位的项目立项申请模板和项目立项评审报告模板；

（4）IT 工具：项目管理系统。

这个步骤用到的方法主要是项目管理中的项目策划、系统设计和管理评审。

4.2.2 分析阶段

分析阶段的目标，是根据业务需求建立业务模型，根据知识需求建立知识体系。这个阶段的输入包括项目可行性研究报告、项目总体计划书；输出包括业务分析报告、知识源分析报告、知识体系框架设计、项目跟踪与监督报告、评审记录。这个阶段的重要里程碑是知识体系设计通过评审。

这个阶段的思路是围绕客户选定的业务范围，梳理业务模型，然后根据业务发展的需要，梳理知识模型，设计知识体系框架。包括三个步骤：A-4 分析业务模型，A-5 梳理知识来源，A-6 设计知识体系。

4.2.2.1 A-4：分析业务模型

这个步骤的目标，是按照本项目定义的实施范围，对企业的业务运营及其过程中知识应用的场景进行调研与分析，确定企业的业务模型及伴随的知识。它要解决的问题是，我们重点关注的业务是什么？需要的知识是什么？这个步骤的输入是项目总体计划中的业务范围定义，输出是业务分析报告，明确了客户的核心业务流程。

这个步骤用到的方法，主要是流程梳理和知识梳理。流程梳理的方法有 SIPOC[①]、流程图等。如图 4-12 所示，SIPOC 可用于流程的框架梳理，它关注流

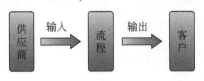

图 4-12　SIPOC 方法

---

① SIPOC 模型中各字母代表：S 为 supplier（供应商）、I 为 input（输入）、P 为 process（流程）、O 为 output（输出）、C 为 customer（客户）。

· 122 ·

程的几个方面：供应商及输入、流程、客户及输出。

　　知识梳理主要参考 CommonKADS 中的知识模型和 5W1H，在知识工程项目中，关注的知识如图 4-13 所示。

图 4-13　5W1H 知识模型

　　在实践中，业务分析的过程是：业务流程梳理→业务活动梳理→业务知识梳理，如图 4-14 所示。企业业务运营总是遵循一定的流程，我们就可以从业务流程入手，按照流程三要素来梳理其知识需求，包括过程、工具和人。

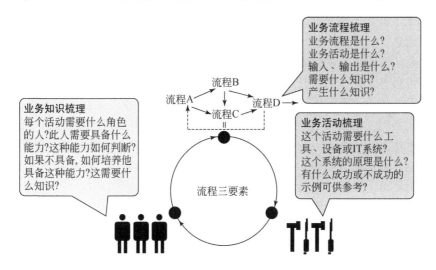

图 4-14　业务梳理与知识梳理

　　需要提醒的是，业务分析的过程，是与业务人员（即知识工程系统未来的用户）密切沟通的过程，要更多地面对面了解业务人员对于知识的真正想法，不要错过这样的机会。企业的知识究竟是什么？不仅要听他们当前的诉求和抱怨，也要传递知识工程的理念，激发他们内心深处对于知识、智慧的深切渴望，才能挖掘到真正的需求：文档不是知识，案例不是知识，这些信息源要成为知识需要提炼。

这个步骤用到的工具如下。

(1) 指导书：业务分析指导书；

(2) 模板：业务分析报告模板，含业务流程梳理模板、业务活动的知识状态模板；

(3) IT 工具：项目管理系统。

4.2.2.2 A-5 梳理知识来源

这个步骤的目标，是明确项目所需知识的来源，了解当前管理状态，为信息集成和知识挖掘定义需求。它要解决的问题包括：知识是什么？来自哪里？数量多少？如何管理？如何应用？其他系统如何获取这些信息？信息更新的频率？这些信息可以集成后直接使用，还是需要经过处理才能满足用户应用需求？这个步骤的输入，是上个步骤的成果——业务分析报告，输出是信息源调研分析报告，用到的方法，是调查问卷+现场调研+系统使用。从 DIKW 模型理解 DAPOSI 的各个步骤，可以把步骤 A-4 看作从 W（智慧）到 K（知识）的转化，那么步骤 A-5 就是从 K 到 I（信息）和 D（数据），即寻找支撑知识的源头数据或信息。

企业的知识来源多种多样，有的体现在产品设计与研发、项目管理、生产制造、销售服务等企业的业务运营活动中，有的体现在程序文件、标准和专利、操作手册等文档中，有的体现在专家和员工的经验和总结中。这些不同来源的信息管理方式不同，自身内容和特点也不同，这些都会影响到后续的知识挖掘和展现。如果从 know-what、know-why、know-how、know-who 对知识进行分类的话，对应的企业知识来源如图 4-15 所示，分别存在于程序文件、技术手册、分析报告、案例汇总、经验、指南、专家库等。

梳理知识来源的流程如下。

(1) 根据业务对知识的需求、汇总本项目实现的业务系统的知识范围；

(2) 梳理能够提供或产生这些知识的来源，包括企业内部、外部的信息系统、网络、人员等；

(3) 通过调研这些信息来源，确认可用的信息源及其状态，形成系统集成的需求；

(4) 初步分析知识需求与这些信息之间的关系，收集知识挖掘的需求。

这个步骤用到的工具如下。

(1) 指导书：信息源调研与分析指导书；

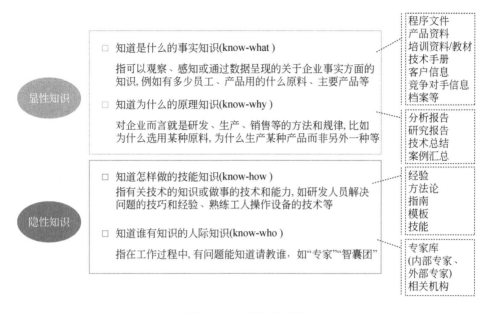

图 4-15　企业知识来源

（2）模板：信息源调研模板、信息源调研分析报告模板；

（3）IT 工具：项目管理系统。

4.2.2.3　A-6 设计知识体系

知识体系，即知识的系统化组织。知识工程系统以知识体系为核心，它的价值是独一无二的，如图 4-16 所示。对于知识工程系统而言，知识的组织方式影响了它的对外应用，如场景应用设计和门户个性化设计；又决定了内部的设计，如知识

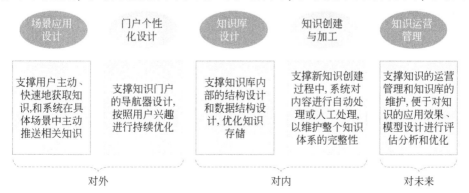

图 4-16　知识体系的价值

库设计和知识创建与加工；在知识工程系统上线运营后，又影响着知识运营的管理。因此，知识体系对内、对外、对未来，都很有价值，值得投入精力认真设计。

知识组织，即知识的序化。需要根据要管理的知识内容和特点，建立一个相对稳定和可扩展的结构来容纳它们。传统的知识组织方式是分类法，即将围绕着同一个主题的知识按照相互间的关系，组成系统化的结构，并体现为许多类目按照一定的原则和关系组织起来的体系表，典型的分类体系是树形层次化结构。在知识体系中，通常会需要从多个角度来对知识进行组织，那么就会针对每个角度设置一个维度的知识分类，每个维度的树形结构有多层，每一层有多个类目，每一个叶子节点叫做分类项。伴随着用户个性化应用的需求发展，知识体系越来越复杂，分类体系从单维发展到多维，当多维分类也不能满足要求，就出现了超维（>16 维）分类体系，如图 4-17 所示。它的表达非常复杂，如图 4-18 所示，类似于数据仓库中的数据立方体。

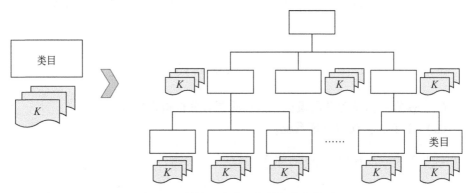

图 4-17　单维→多维→超维的分类体系

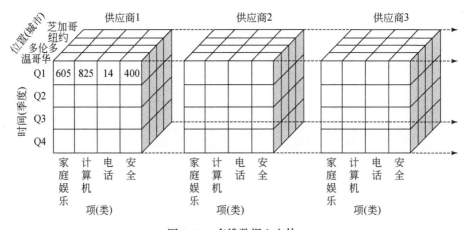

图 4-18　多维数据立方体

在每一个分类树中，不同的分类项的含义是完全不重叠的，各个分类项之间的关系主要是父子关系及其延伸的关系，如同父节点的关系。然而当分类维度越来越多之后，虽然单个维度的分类项之间仍然保持了独立和不相容的特点，但不同分类维度的分类项之间，会出现相关性。这种知识特征也需要表达，那么分类的知识组织方式已经不能满足应用需求了，于是出现了知识关联这种新兴的知识组织方式，多种知识靠关系形成语义网、知识图谱，如图 4-19 所示是 Google 搜索的知识图谱，即围绕用户的搜索内容，呈现的是所有相关的信息。

图 4-19　Google 的知识图谱界面示例

在 DAPOSI 中，知识体系围绕业务、对象、成果三个要素进行设计，包括三个内容：知识分类、知识关联、知识模板，如图 4-20 所示。

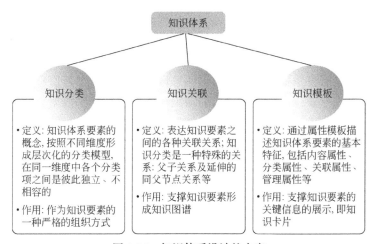

图 4-20　知识体系设计的内容

　　知识体系设计这个步骤的目标是根据业务分析和知识源调研的成果，设计企业的知识体系框架，形成系统的 DIKW 模型。它的输入包括 A-4 步骤的业务分析报告，A-5 步骤的信息源调研分析报告；输出包括企业知识体系设计说明书、企业知识应用的业务需求说明书和知识体系设计评审结论。

　　知识体系设计的流程是：与客户的业务专家沟通，在业务活动的场景中，用户最期望需要的知识内容和应用方式，设计企业的知识体系——由知识应用需求，设计知识分类和知识关联；由知识内容需求和分类、关联的设计成果，设计出具体的知识模板。然后项目经理组织业务专家组，评审知识体系设计成果。因为知识体系对于知识工程建设是个重要的基石，所以这个设计成果通常都需要经过客户的正式评审。

　　这个步骤中用到的工具如下。

　　（1）指导书：知识体系设计指导书、知识应用场景分析指导书；

　　（2）模板：知识体系设计说明书模板（含知识模板、分类模板、关联模板），知识应用的业务需求说明书模板；

　　（3）IT 工具：项目管理系统。

　　常用的方法有：知识组织中的分类法、本体论，人工智能中的知识图谱，数据仓库中的多维分析，软件工程的需求分析等。

4.2.3　定位阶段

　　定位阶段的目标是设计从信息采集到知识挖掘的技术路线，并验证关键点。它的输入是业务分析成果、知识体系设计、项目总体计划书。输出是信息源集成总体策略说明书，信息源集成方案；语义系统设计，知识挖掘方案及技术路线验证报告；项目跟踪与监督报告，评审记录。里程碑是在项目内部技术路线得到验证，集成方案评审通过。

　　这个阶段的思路是按照设计的知识体系设计框架，梳理其信息源，设计相关的信息系统集成方案；然后选择适当的知识挖掘方法，确保数据→信息→知识的正确转换，从而形成从信息集成到知识挖掘的完整技术路线，如图 4-21 所示。

　　图 4-22 是某项目的信息集成–知识挖掘的总体技术路线设计。

4.2.3.1　P-7 验证信息源集成

　　这个步骤的目标，是完成信息系统集成的方案设计和技术实现方法的验证，确认信息可得，为知识挖掘做好准备工作。从 DIKW 逻辑上看，是从 I（信息）到 D（数据）的分解，再从 D 综合得到 I 的反馈环。这个步骤的输入包括步骤

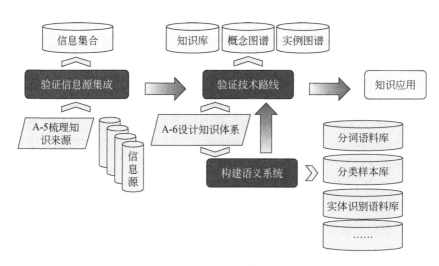

图 4-21 定位阶段的思路图

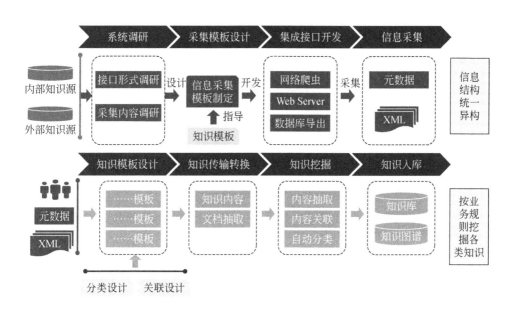

图 4-22 某项目的信息集成–知识挖掘的总体技术路线设计

A-5 的信息源调研分析报告, 信息源集成需求; 输出包括信息源集成总体策略说明书和每一个信息源的集成方案。操作流程如下。

（1）制定信息源集成的总体策略;

（2）为每一类/个信息源制订集成开发方案, 包含信息集成接口设计和信息采集模板，安全集成设计；

（3）用实际系统验证每一类集成开发方案的技术实现方法的可行性。

这个步骤用到的工具如下。

（1）指导书：信息源集成设计指导书，包括总体策略部分，单系统集成开发方案部分，小范围验证技术可行性的内容。

（2）模板：信息源集成方案模板，信息采集模板。在信息采集模板中，还要说明采集的数据与知识模板的数据对应关系，对于无法采集获得的知识模板属性，就需要通过知识挖掘得到。

（3）IT工具：项目管理系统。

信息源集成的方法可以参考数据仓库中的ETL[1]流程，如图4-23所示，包括数据从各数据源的提取—转换处理—加载到数据库中等待知识挖掘的过程。

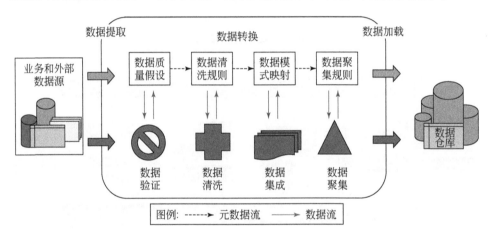

图 4-23　数据仓库的 ETL 流程

知识工程项目的数据来源，往往包括了企业内部和外部，如企业信息化系统的数据库、互联网的网页数据、个人电脑资料等；而数据形式也各不相同，如文本、纸质扫描件、图像、语音、结构化数据等。因此面对这样多源、异构、实时变化的大数据，信息源集成的转换处理中数据清洗非常重要，如数据消冗、以保证数据一致性等。数据清洗的方法，除了传统的基于规则的方法之外，当前也可以基于模糊规则和机器学习的方法开展。这些都需要依据项目的实际需要进行具体设计。

---

① ETL，一般用来描述 extract（抽取）- transform（转换）- load（加载）至目的端的过程。

4.2.3.2 P-8 构建语义系统

在 P-8 这个步骤，要根据初步设计的知识挖掘技术路线，选择适合的算法、模型，建立相应的语料库、样本库、字典等，为下一步骤的技术路线验证做好准备。从 DIKW 的逻辑上看，就是从 D/I 回溯到 K。这个步骤的输入包括 A-6 设计知识体系和 P-7 得到的信息采集验证结果；输出包括知识挖掘需求和初步方案、某些关键环节的技术路线设计，即相应的基础模型与种子语料库、字典库。

这个步骤的处理流程如下。

（1）根据知识体系设计，梳理需要知识挖掘的内容，形成知识挖掘的业务需求说明书；

（2）设计知识挖掘总体方案和关键环节的具体技术路线；

（3）与客户的业务专家合作，为每一个挖掘模型建立种子语料库、字典库，准备开展技术预研和验证。

知识挖掘的方式，可以分为如下三种。

（1）抽取知识：从数据或信息素材中提炼精确内容，无论这些素材是文本、数据、图像还是语音，简而言之就是把非结构化信息变成结构化的知识；

（2）关联知识：在信息之间建立关系，就提炼出了一种新的知识——关系型知识，如知识图谱就是关联知识的成果体现，图 4-24 是某项目的实例图谱；

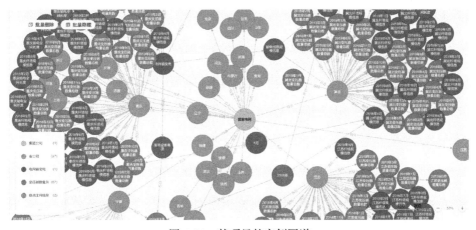

图 4-24 某项目的实例图谱

（3）模型化知识：从数据或信息中挖掘规律性知识，既包括完全量化的公式，也包括定性的模式，图 4-25 所示为技术系统进化的一个模式。

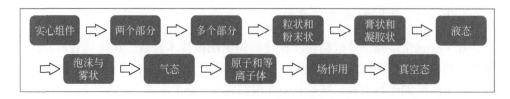

图 4-25　模型化知识实例

　　基于这样的三类知识挖掘方式，某项目设计的知识挖掘的完整技术路线如图 4-26 所示。在信息集成之后，首先需要做一些预处理工作，例如针对文本信息需要做语言识别、格式转换、大文件分割等，然后针对中文进行分词处理，西文跳过此步骤；接下来按照信息分类找到对应的知识模板，填充采集得到的属性，并依次通过抽取、关联、模型化得到相应的知识。所有的知识挖掘结果，经过审核或抽检，通过后入库发布，可供应用。

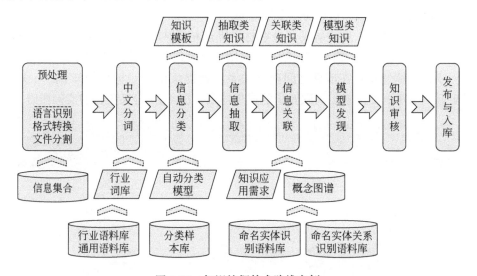

图 4-26　知识挖掘技术路线实例

　　在知识挖掘的整个过程中涉及多种知识挖掘的方法，如自然语言处理中的分词、分类、命名实体识别、关系识别等，图像识别，知识图谱中的概念图谱设计、实例图谱构建等。因此，这个步骤用到的工具很多。

　　总体来说，有知识挖掘方案设计指导书，知识挖掘业务需求说明书模板和项目管理系统。而针对各项具体的挖掘任务，还有各自的专业工具。以分词为例，工具如下。

（1）指导书：行业词库构建与优化指导书，内容包括词库构建标准、语料选择标准、语料模板与示例、语料处理流程、新词识别模型与优化；

（2）模板：行业词表/词典模板，行业词库模板；

（3）IT 工具：行业词库构建工具，能够支撑分词语料录入、处理与确认，词库查看与导出。

其他的知识挖掘方法与分词的工具基本类似，都是需要相应的指导书、模板和 IT 工具，在此不一一赘述。

4.2.3.3　P-9 验证技术路线

这个步骤的目标，是根据 P-8 设计的技术路线、基础模型和种子语料库，验证其技术路线是否能够达到知识挖掘的要求。它的输入包括步骤 A-6 的知识体系设计、知识应用需求，步骤 P-7 的信息采集验证结果，步骤 P-8 的知识挖掘需求、知识挖掘方案和初建的语义系统；输出包括依据技术路线验证结果而修订过的知识挖掘方案设计说明书，相关的模型、语料库、字典库、实例图谱、知识卡片实例；技术路线验证测试报告。如果这个过程中涉及采购或协作开发的技术，那么还需要技术选型测试报告。

这个步骤的工作流程如下。

（1）根据项目需求明确总体及各分项知识挖掘的技术指标；

（2）与业务专家组合作，收集适量的样本，训练模型扩充样本库，优化技术路线，以确认各分项以及总体技术路线能否达到知识挖掘的要求；

（3）如果确认在项目给出的预研周期内，无法达到知识挖掘的要求，反馈给相关人员，调整业务分析和知识体系设计的内容，以平衡业务需求和技术实现；

（4）如果需要外包商参与，则启动相应的技术调研、测试或招标活动，之后按照正式的外包管理流程签订正式服务协议并进行技术集成开发。

这个步骤的工具如下。

（1）规范：（可选）技术调研管理规范，选型测试管理规范，外包管理规范；

（2）指导书：知识挖掘方案设计指导书，（可选）技术选型指导书；

（3）模板：知识挖掘方案设计模板，技术路线验证测试报告模板，（可选）技术调研需求说明书模板，技术调研分析报告模板，选型测试的需求说明书模板，选型测试报告模板。

（4）IT 工具：项目管理系统，自然语言处理工具（如中文分词工具、自动分类工具、命名实体识别工具、命名实体关系识别工具等），图像识别工具，知识图谱构建工具等。

　　这个过程中涉及的方法很多，也很有挑战，如自然语言处理、知识图谱、机器学习、深度学习、图像处理、数据挖掘、大数据分析。如果有外部采购，可以参照系统工程、软件工程中的供应商管理方法。

　　在实践中我们会发现，理论上的技术路线和实际总会有偏差，这不仅仅是因为理论是消除了波动、噪声的理想状态，也因为在不同的应用环境中，客户的需求总会有偏差或倾向性，因此知识挖掘的实际技术路线，不存在一套推之四海而皆准的路线，但是我们可以举一反三，在实践中不断提升定制化的效率。图 4-27 是命名实体识别的一般技术路线，图 4-28 是某项目实际最终采用的命名实体识别技术路线。

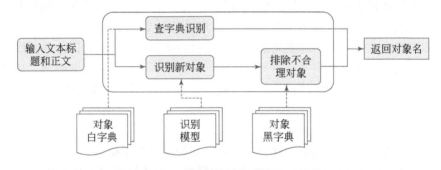

图 4-27　命名实体识别的一般技术路线

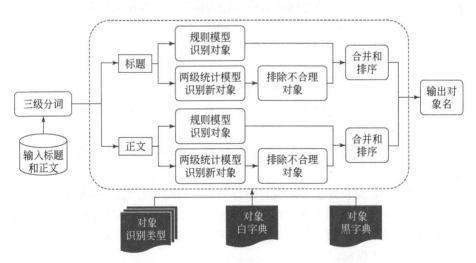

图 4-28　某项目实际采用的命名实体识别技术路线

4.2.4　构建阶段

这个阶段的目标是设计和实现软件系统，并通过系统测试，以及设计保障体系和运营方案。它的输入包括定义阶段的项目总体计划书、项目实施方案，分析阶段的知识体系、业务模型，定位阶段的语义系统、信息系统集成方案、知识挖掘方案。它的输出包括软件需求规格说明书，系统架构设计说明书，信息系统集成设计说明书，知识挖掘模块设计说明书，知识库设计说明书，系统测试方案，软件代码，测试用例集，设计评审报告，系统测试报告；保障体系设计说明，运营方案；项目跟踪与监督报告，评审记录。这个阶段重要的里程碑是软件 Alpha测试通过，保障体系设计和运营方案评审通过。

这个阶段的思路是按照软件开发的流程和规范，完成软件系统的设计、开发和 Alpha 测试，并按照实施方案的要求，完成保障体系和运营体系的方案设计和文档化开发。这个软件系统和保障运营体系是 DAPOSI 的三大成果之二。

此时，整个团队才进入软件系统的开发。回顾整个 DAPOSI 流程，软件系统开发与 DAPOSI 的关系如图 4-29 所示。可见，定义、分析、定位三个阶段实际上都是软件开发的需求分析，在构建阶段要完成软件系统的知识设计和模型设计，以及保障运营系统的设计，系统开发实现；之后，在模拟、执行两个阶段进行试运行和上线验收。

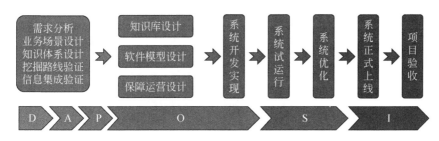

图 4-29　DAPOSI 的软件系统开发流程

4.2.4.1　O-10：设计软件模型

这个步骤就是设计软件系统，包括系统设计、功能设计、部署设计、测试设计。它的输入包括定义阶段的项目总体计划书、项目实施方案，分析阶段的知识体系、知识应用需求，定位阶段的语义系统、信息系统集成方案、知识挖掘方案。输出包括软件需求规格说明书、页面原型、系统架构设计说明书、业务架构说明书、功能架构说明书、功能列表、系统部署架构说明书、模块设计说明书（重要模块的设计，如信息系统集成设计说明书、知识挖掘模块设计说明书、知识库设计说明书）、共同模块说明书、系统单元测试方案、系统集成测试方案、系统性能测试方案、设计评审报告。

软件系统设计的方法，可以参照系统工程和软件工程，包括需求开发、需求管理、系统设计、技术解决方案、验证、原因分析与解决、配置管理、集成产品与过程管理、供应商管理等。这些在业界都是比较成熟的方法，如软件系统设计模型，对于需求明确的系统来说，客户对知识的理解、积累和运用能力都比较高，可以采用最简单的瀑布模型，需求分析→设计→实现→测试顺序开展，如图 4-30 所示，设计可以分为系统设计、概要设计、详细设计。有的系统还可以分为子系统设计、模块设计等。针对需求不明的系统，采用原型方法，模拟系统运行，挖掘和确认客户需求以降低风险。而针对客户要求迅速上线的系统，现在用得最多的是敏捷开发方法，如采用 SCRUM 流程，迭代增量的开发模型；

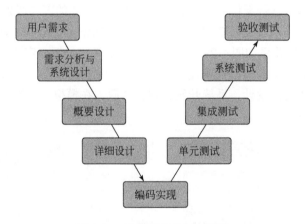

图 4-30　软件开发的瀑布模型

数据库设计也是软件系统设计的一个重要部分，通常遵循着设计概念结构→设计逻辑结构→设计物理结构的思路，具体流程如图 4-31 所示。

这一个阶段用到的工具非常多，包括如下。

（1）规范：软件系统研制管理规范、软件设计规范、软件系统设计评审管理规范、软件系统研制的配置管理规范、（可选）外包管理规范、系统集成管理规范；

（2）指导书：软件系统设计指导书、软件系统验证指导书、知识库设计指导书、知识挖掘方案设计指导书、信息源集成设计指导书；

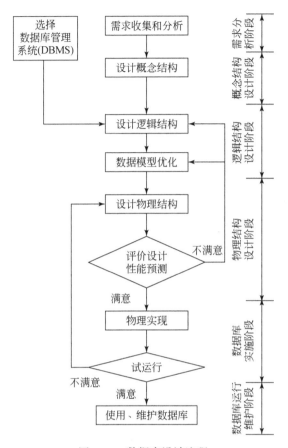

图 4-31　数据库设计流程

（3）模板：软件需求规格说明书模板、系统架构设计说明书模板、业务架构设计说明书模板、功能架构设计说明书模板、系统部署架构说明书模板、功能列表模板、××模块设计说明书模板、××信息源集成开发方案模板、知识库设计说明书模板、知识挖掘方案说明书模板、共同模块设计说明书模板、系统功能测试方案模板、系统单元测试方案模板、系统集成测试方案模板、系统性能测试方案模板、设计评审报告模板、问题横向展开记录模板；

（4）IT 工具：需求分析系统，系统设计系统，如 RaphSody；需求管理工具，如 DOORS，TFS 等；UML 建模工具，如 Visio、Rational Rose 等；原型设计工具，如 Axure；数据库管理系统，如 SQL SERVER、MongoDB、MYSQL、Oracle、Neo4J 等；数据库设计工具，如 Visio、PowerDesigner 等；测试设计工具，配置管理系统，项目管理系统。

4.2.4.2　O-11 设计保障运营

企业知识工程建设的保障系统和运营系统合称为配套体系，如图 4-32 所示。

图 4-32　知识工程的配套体系

保障体系的设计包括三个内容。

1. 组织设计

建立知识营运团队，设立专职与兼职的岗位，明确职责分工与管理办法。例如，在业务应用场景中，帮助用户获取需要的知识，并创建新的知识（如案例经验）提交入库；在知识社交环境中，专人每天提炼精华内容，形成新知识入库。

2. 流程与制度设计

设计与知识活动匹配的制度，引导员工正确地理解与知识相关的权利和义务；设计与知识活动匹配的流程，明确知识管理平台与业务流程系统的关系，引导员工正确地应用系统，并为用户参与知识活动提供相应的支撑。

3. 激励设计

完善相关激励制度，支持定期或事件驱动的奖励，为知识运营筹集财务或非财务资源的支持，促进新知识的产生和共享复用；为知识运营的管理者提供相应的管理要求与绩效考核办法；为用户参与知识活动提供相应的考核办法，如贡献知识、应用知识。

运营方案设计，则是实现用户、内容和活动的一体化运营设计，并通过运营数据分析，驱动知识工程系统的持续优化，如图 4-33 所示。

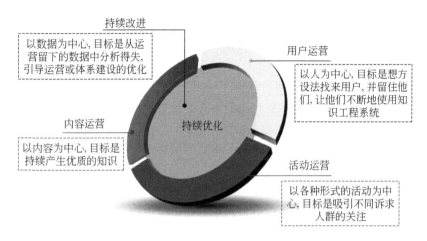

持续改进

以数据为中心，目标是从运营留下的数据中分析得失，引导运营或体系建设的优化

用户运营

以人为中心，目标是想方设法找来用户，并留住他们，让他们不断地使用知识工程系统

内容运营

以内容为中心，目标是持续产生优质的知识

活动运营

以各种形式的活动为中心，目标是吸引不同诉求人群的关注

持续优化

图4-33　知识工程的运营体系设计思路

在 O-11 这个步骤，要为客户长期运营知识工程而设计保障体系和运营方案。它的输入包括项目实施方案，系统或模块设计说明书，客户单位的 IT 系统运营标准与规范，组织架构及职责说明，人力资源激励与绩效考核办法，制度发布或条目更新管理要求等。输出包括××企业实施知识工程的保障体系设计说明书和××企业实施知识工程的运营方案设计说明书。采用的工具有：知识工程保障体系与运营方案设计指导书，知识工程系统保障体系设计模板、知识工程系统运营方案设计模板和项目管理系统。参照的方法主要是产品运营，内容包括用户运营、内容运营、活动运营、持续优化。

4.2.4.3　O-12 开发实现系统

项目组要在这个步骤完成整个系统的实现，既包括软件系统也包括配套体系，具体任务是：开发软件系统和系统测试；按照保障体系与运营体系的设计，完成全套保障体系内容开发和运营方案开发；准备系统试运行。它的输入包括 O-10、O-11 步骤的设计说明书和方案。输出包括软件系统的开发规范说明书，软件代码，系统测试报告（可选：集成测试报告、性能测试报告、单元测试报告），系统初始化数据；保障体系的组织设计，流程设计，制度设计，激励设计和运营方案；项目跟踪与监督报告。

总体上分为两部分开展：软件系统开发→软件系统测试→准备试运行；保障体系开发、运营方案开发，共同为后续整个系统的试运行和交付做准备。

这个过程中参照的方法，主要是软件工程的配置管理、验证、原因分析、供应商管理、集成产品与过程管理等，以及产品运营方法。

在这里用到的工具比较多，包括如下。

（1）规范：软件编码规范，软件测试规范，软件系统研制的配置管理规范，（可选）外包管理规范；

（2）指导书：知识工程项目软件系统开发指导书，知识工程项目软件系统验证指导书；知识工程保障体系与运营方案设计指导书；

（3）模板：软件系统测试报告模板、BUG（程序漏洞）处理记录模板、问题横向展开记录模板、代码评审模板、测试用例评审模板、知识工程保障体系设计模板、运营方案模板；

（4）IT 工具：需求管理系统、配置管理系统、编码工具、代码自动检测系统、故障管理系统、自动化测试系统、项目管理系统等。

4.2.5　模拟阶段

这个阶段的目标是模拟客户使用软件系统的现场环境，以验证系统的功能与性能是否满足客户需求，不断优化以达到系统交付的标准；保障体系与运营方案通过客户评审。它的输入包括构建阶段的软件系统、初始化数据、保障体系设计与运营方案和定位阶段的项目总体计划书。输出包括系统试运行计划与系统初始化数据、系统试运行报告、系统交付计划、正式发布的软件系统及全套文档、保障体系与运营方案评审记录、项目跟踪与监督报告。这个阶段重要的里程碑是系统发布评审通过。

这个阶段的思路如图 4-34 所示，具体如下。

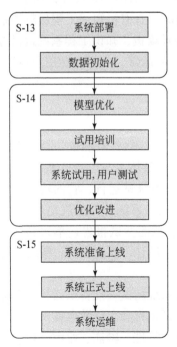

图 4-34　模拟阶段的思路图

1. 策划试运行

在用户模拟现场的环境中部署系统，按照软件系统要求收集初始化数据，准备试运行。

2. 执行试运行

导入初始化数据，以验证知识处理的逻辑正确，并训练智能化模型，适当地采用大批量数据处理，以验证系统的各方面性能水平达到设计要求；

选择部分目标用户，组织应用培训，以进行

系统的试用，同时开展用户测试验证；

对系统中的瑕疵进行优化调整，以使整个系统达到项目目标。

3. 系统上线

按照客户的系统交付要求，策划系统上线，制订相应的计划；

完成交付用的全套软件相关的文档；

完成保障体系与运营方案的客户评审；

系统正式上线，并保持运维服务。

4.2.5.1 S-13 系统初始化

这个步骤的目标，是为在客户的模拟环境中运行系统制定计划，准备需要的文档资料，搭建环境，并导入已梳理好的语义系统初始数据和试验用的数据。它的输入包括定位阶段的项目总体计划书，构建阶段的软件系统、初始化数据、用户测试用例（功能+性能）、保障体系、运营方案和客户单位的系统交付管理要求。输出包括系统试运行计划（包含试运行范围、文档资料撰写计划、培训计划、参与人员与职责、重点验证的需求以及产品安装确认报告）和系统初始化工作记录。

这个步骤采用的工具如下。

（1）规范：软件系统研制的配置管理规范，软件测试规范；

（2）指导书：系统试运行指导书，系统数据导入指导书；

（3）模板：系统试运行计划模板，产品安装确认报告模板，软件系统配置说明书模板，软件系统用户手册模板，软件系统管理员手册模板，软件系统安装手册模板，软件系统培训教材模板，BUG/需求处理记录模板，系统初始化工作报告模板，用户测试用例模板，用户测试记录模板，FAQ 模板；

（4）IT 工具：即项目管理系统。

这个步骤依据的方法，可以参考软件工程，其过程如图 4-35 所示。

4.2.5.2 S-14 优化智能模型

这个步骤的目的，是使用初始化数据验证关键的知识挖掘逻辑，并对需要训练的规则、算法进行调优，以达到最佳功能和性能指标；同时按照计划撰写软件齐套文档，准备系统正式上线。它的输入包括定位阶段的知识挖掘方案、语义系统和模拟阶段的初始化的软件系统、试验数据。输出包括软件系统的调优后算法，BUG 处理记录和软件的相关文档。

这个步骤采用的工具如下。

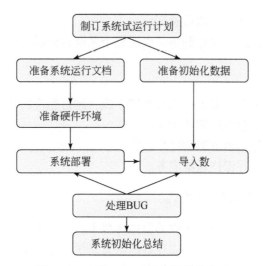

图 4-35　步骤 S-13 系统初始化的流程

（1）规范：软件测试规范；

（2）指导书：知识图谱构建与优化的指导书，行业词库构建与优化指导书，自动分类构建与优化指导书，命名实体识别指导书，命名实体关系识别指导书，图像识别指导书；

（3）模板：BUG/需求处理记录模板；

（4）IT 工具：自然语言处理工具、项目管理系统、故障管理系统、需求管理系统。

这里面可以参考的方法有自然语言处理、机器学习、深度学习、图像处理、大数据分析、软件工程。

智能模型优化的过程，如图 4-36 所示，按照知识挖掘方案和设计说明，逐个确认和优化下述模型，以确保能够达到智能化处理和应用的性能要求：

（1）初始化的语义系统；

（2）中文分词及新词识别；

（3）自动分类；

（4）属性提取；

（5）命名实体及关系识别；

（6）知识图谱构建；

（7）语义搜索、主动推送；

（8）用户行为分析；

（9）……

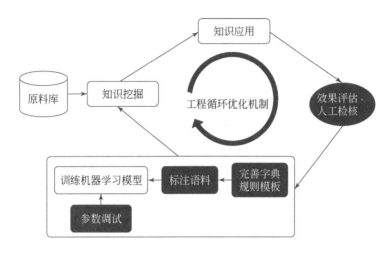

图 4-36　智能化模型优化的过程

图 4-37 是某个项目中命名实体识别的模型优化实例，可见，经过 6 个月的努力，对象字典持续增加，对象识别的准确率持续提升，最终在用户的开放型测试中达到了 93.8%，这个水平是比较令人满意的。

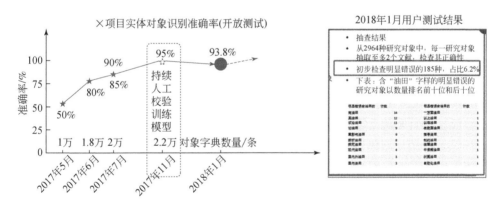

图 4-37　智能化模型优化的效果实例图

4.2.5.3　S-15 系统正式上线

这个步骤的目标，是在模拟环境中确认系统能够达到交付标准后，正式上线运行，满足客户对于系统发布的前提，准备系统交付和项目验收。它的输入包括定位阶段的项目总体计划（系统验收标准），构建阶段的保障体系与运营方案，步骤 S-13、S-14 的软件系统及文档，以及客户单位的 IT 系统运营标准与规范、系统交付的管理要求、企业制度与流程评审发布规范。输出包括培训教材，培训签到表、考核表，BUG/需求处理记录，系统试运行报告，正式发布的软件系统及齐套文档，通过评审的保障体系设计与运营方案，系统交付计划，系统运行规范与工作标准，以及系统发布测试/评审报告。

这个步骤的过程如图 4-38 所示。

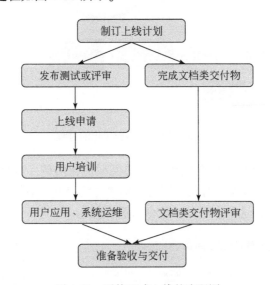

图 4-38　系统正式上线的流程图

具体活动如下。

（1）制订系统上线计划；

（2）按照计划执行软件系统的运维任务：软件系统经过试运行的优化，确保达到可上线运行的标准；按照客户的系统交付管理要求，组织发布测试或评审；为目标用户群组织培训，以确保他们能够应用系统达到项目的业务支撑目标；在用户应用系统的过程中提供运维服务；

（3）按照计划执行文档类交付物的审核任务：完成所有的文档资料，如系统试运行报告、软件齐套文档、系统运行规范与工作标准；按照文档验证标准，组织评审或确认文档交付物达到客户要求；

（4）按照客户的系统交付管理要求，达到系统平稳运行的要求周期后，准备系统交付和项目验收。

这个步骤采用的工具如下。

（1）规范：（客户单位）IT 系统运营标准与规范，系统交付管理要求；培训实施管理规范；

（2）指导书：系统运行规范与工作标准制定指导书，系统验证指导书；

（3）模板：培训记录模板，培训反馈记录模板，BUG/需求处理记录模板，系统试运行报告模板，系统交付计划模板，系统运行规范与工作标准模板；（客户单位）软件系统正式上线申请模板，系统发布测试报告模板，系统发布评审报告模板；

（4）IT 工具：项目管理系统，故障管理系统，需求管理系统。

这个步骤软件工程和组织培训的方法。

4.2.6　执行阶段

这个阶段的目标是系统交付，项目验收，并约定系统维护的服务事宜；保障体系和运营方案正式发布，并开始运行，以推动知识运营长期有效。它的输入包括正式发布的软件系统及齐套文件，系统交付计划，保障体系和运营方案，（客户单位）企业制度与流程评审发布规范和企业项目结项管理规范；输出包括系统验收报告、系统运维服务约定、企业知识工程系统保障体系与运营方案的发布公告、培训或宣贯材料、项目结项评审报告、项目复盘报告等。这个阶段的里程碑就是项目验收完成。

这个阶段的思路如下。

（1）系统正式交付客户，并引导用户在企业内使用，为长期维护约定服务内容与方式；

（2）提供知识管理、应用与创新的培训与引导服务，发布、运行并不断完善企业知识工程的保障体系和运营方案；

（3）项目验收，并组织复盘以积累经验。

4.2.6.1　系统验收与交付

这个步骤的目标是按照客户的系统验收、交付要求，组织客户专家对系统进行验收测试和交付评审。它的输入包括系统交付计划，发布的软件系统及齐套文档，培训教材，系统运行规范与工作标准；（客户单位）系统交付管理要求；输出包括系统交付评审报告。具体的任务包括：系统正式上线并运行，组织用户分期培训，并在系统运行期间做好辅导工作，使用户能够在业务实践中熟练操作系统。

这个步骤采用的工具如下。

（1）规范：（客户单位）IT 系统运营标准与规范，系统交付管理要求；

（2）指导书：系统验证指导书；

（3）模板：系统交付评审报告模板；

（4）IT 工具：项目管理系统。

这个步骤参考了软件工程的方法。

4.2.6.2 I-17 发布保障体系

这个步骤的目标是交付保障体系，建立长效的知识继承与创新的企业文化与相应的管理支撑措施。它的输入包括模拟阶段的企业知识工程系统的保障体系、评审结论、（客户单位）企业制度流程评审发布规范；输出包括发布公告、培训记录、培训反馈记录、沟通记录、（可选）更新条目记录。

实施过程如下。

（1）按照企业发布管理制度的流程，正式发布"企业知识工程系统的保障体系"和"系统运行规范与工作标准"；

（2）安排相应的培训，以便企业员工遵照执行；

（3）安排一段时期内的热线沟通，以解决实际操作中可能遇到的各种问题，适当时增补或修订此制度和标准。

这个步骤可采用的工具如下。

（1）规范：培训实施管理规范；

（2）模板：培训记录模板，培训反馈记录模板，（可选）制度更新条目模板；

（3）IT 工具：项目管理系统。

这个步骤参考的方法是软件工程。

4.2.6.3 I-18 启动运营体系

这个步骤的目标是交付运营方案，并启动运行；项目结项，并开展复盘工作；按照与客户的约定，提供持续的服务。它的输入包括项目的交付产品和齐套文件、项目的全部过程文件；输出包括系统遗留问题列表及改进计划、系统运维及服务约定、项目复盘报告、用户项目总结报告、技术总结报告、项目结项评审报告。

这个步骤的实施过程如下。

（1）按照运营方案制定具体行动计划，开展相应的活动，以确保知识常用常新，知识工程系统永葆活力；

（2）组织客户方的项目结项正式评审；

（3）与客户约定后续服务的内容、形式、支付方式、周期等事项，形成正式的合约文件；

（4）组织项目复盘活动，为组织积累知识；

（5）组织内部的项目结项会议。

这个步骤可采用的工具如下。

（1）规范：（客户单位）企业项目结项管理规范；

（2）指导书：项目验收指导书、项目复盘指导书；

（3）模板：项目结项评审报告模板、系统遗留问题列表及改进计划模板、系统运维及服务约定书模板、项目复盘报告模板、用户项目总结报告模板、技术总结报告模板；

（4）IT 工具：项目管理系统、故障管理系统、需求管理系统。

这个步骤参考的方法包括如下两类。

（1）产品运营：用户运营、内容运营、活动运营、持续优化；

（2）软件工程：如能力成熟度模型集成（CMMI）中的确认、项目管理。

5 AI 知识工程应用案例

5.1 石油石化领域应用

5.1.1 某能源公司的知识工程实践

5.1.1.1 背景

某能源集团公司是一家上中下游一体化、石油石化主业突出、拥有比较完备销售网络、境内外上市的集团企业。主营业务主要分为四大业务板块，即油气勘探开发板块、油气储存运输板块、炼化销售板块、工程建设板块，如图 5-1 所示。

油气勘探开发板块

油气储存运输板块

炼化销售板块

工程建设板块

图 5-1 案例客户的主营业务板块示意图

油气需求持续增长、油气资源丰富、石油科技进步、国家政策支持和"一带一路"倡议为中国油气工业的发展提供了良好的机遇，同时原油价格难以回升高位、油气资源品位变差、油气市场主体多元化、环保与气候变化要求提高等因素也给油气工业带来了巨大的挑战。

在此背景下，该能源公司提出"建设成为人民满意的世界一流能源化工公司"的战略目标，也对信息化工作提出了新的更高的要求——信息化的发展要坚持"十六字方针"，即"集中集成、创新提升、共享服务、协同智能"。集中集成，就是坚持以集中部署方式建设全局性的信息系统，实现业务透明、数据共享、集中管控；创新提升，就是加快云计算、物联网、新一代移动通信等信息技术在勘探开发、物流管理、节能环保等方面的应用，完善和提升"三大平台"功能，促进公司加快发展方式转变；共享服务，就是通过积极推进建设几个具有国际水平的共享服务中心，用信息技术为集团化管理下的快速反应、战略决策提供支持，实现资源共享、知识共享、服务共享，支撑公司业务全球化发展；协同智能，就是通过开展智能工厂、智能物流建设，逐步实现生产和服务的智能化，提升资源优化、低碳节能、安全生产管控水平，提高公司科学发展的质量。可见，资源共享、知识共享是公司创新发展的重要工作，也是信息化建设的重要工作。

在2015年工作会议上，该公司领导提出加快推进"两化"深度融合是助推产业提质增效升级的重要手段，要提升云服务能力，充分发挥数据资源对生产经营、科研开发等活动的支撑作用。在"集团信息化发展规划"中将知识资产的建设与共享应用作为重点内容进行部署。在集团"十二五"规划中，重点部署以下工作。

（1）全面梳理不同业务板块的知识源，界定管理的知识内容，明确知识采集、组织、管理的流程；完成知识存储、管理架构设计。

（2）基本完成管理系统的研发，为知识的采集、存储提供支撑手段。

（3）选择不同板块的科研单位进行试点应用，完善系统功能。

集团"十三五"规划中将知识管理作为经营管理层面的重要建设内容之一进行了专题部署，目标是在勘探开发、炼化生产、科研、工程设计与建设及各职能管理部门全面应用。知识管理在公司的信息化架构中是经营管理平台的一部分，它承担了公司所有知识全生命周期管理的职能，并且要为其他的业务系统提供知识服务。因此，知识共享应用是客户公司推进两化融合，实现增效升级的重要工作，是集团"十三五"信息化建设的重要任务之一。

对于知识管理体系建设的应用场景，公司领导提出："要注重知识管理系统的建设和应用，把每个人的宝贵经验和知识放到内部网上共享，全体员工通过分享这些经验和知识产生更大的能量，带来更大的效益。"

5.1.1.2　推进路线

2012 年，该公司启动了面向集团范围 104 家企业知识管理现状在线调研，以及油气勘探开发板块十余家企业的现场调研，在对现状和需求进行深入调研与剖析基础上，完成了知识管理总体规划、上游（以油气勘探开发为核心）专题规划，知识管理蓝图绘制（图 5-2），以及推进路线图的制订。

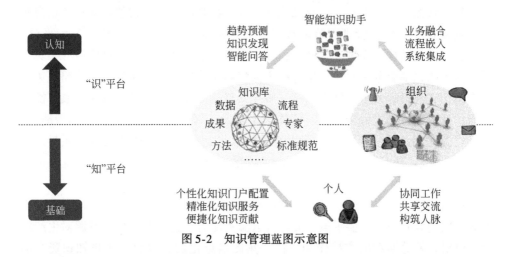

图 5-2　知识管理蓝图示意图

如图 5-2 所示，该公司知识管理蓝图分为"知"的平台和"识"的平台两层。

（1）"知"的平台：汇聚内外部已有知识资源，为个人提供个性化知识门户配置、精准化知识服务、便捷化知识贡献的工具，服务于知识高效获取与及时沉淀；为组织提供协同工作、共享交流、构筑人脉的空间，服务于知识高效共享交流。

（2）"识"的平台：开发相应的智能助手，对已有知识资源进行分析挖掘，实现趋势预测、知识发现与智能问答；通过与业务融合、流程嵌入和系统集成，实现场景感知与智能服务，辅助业务过程中的分析决策。

在该蓝图指导下，知识管理体系建设采用总部统筹、分步实施的策略，推进路线如图 5-3 所示，首先在上游（勘探开发领域）进行试点建设，然后向中游（以炼化为主要业务）、下游拓展（以销售为主要业务），推广应用。

1. 试点示范

该公司在上游的试点示范建设，要达到三个目标：首先，奠定"知"的平

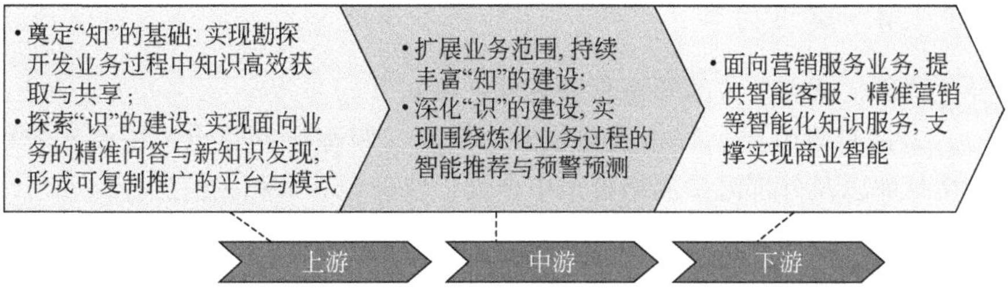

图 5-3　推进路线图

台的基础，形成业务知识资源的汇聚，并提供高效的知识获取与共享交流的方式，提高知识资产的使用效率；其次，在知识资源"量"的积累基础上，探索"识"的建设，一方面在应用模式上更加智能化，解决油田精准、及时知识获取的需求；另一方面，在知识挖掘上，更加深入化，能够在已有"量"的基础上，发现"新知识"。最后，通过试点示范建设，形成可进行复制推广的平台和模式，为后续在更大范围的推广应用奠定基础。

2. 拓展提升

该公司知识管理推进的第二阶段为拓展提升阶段，业务范围从上游向中游拓展，知识范围也进一步扩大。同时，深化"识"的建设，在应用模式上，更为主动与智能，实现伴随业务过程的知识推荐；在知识挖掘上，能够融合专家经验发现规律，实现洞察、支撑预测预警等应用。

3. 全面推广

该公司知识管理推进的第三个阶段为全面推广应用阶段。融合大数据、云计算、人工智能技术，面向营销服务业务，提供智能客服、精准营销等智能化知识服务，支撑实现商业智能。

5.1.1.3　目标

2013 年，在知识管理规划指导下，该公司选择勘探开发板块三个研究院和一个油田公司率先开展知识管理体系建设试点。

其目标为：通过面向勘探开发核心业务的知识库与知识管理平台建设，提高科研效率与创新质量，提高油田现场问题处置能力，助力油气勘探开发降本增效；在建设过程中积累凝练，形成该公司的知识管理雏形，探索适合该公司的知识管理体系，形成实施推广的模板和方法。

5.1.1.4 建设内容

经过调研，试点单位的知识管理需求主要如下。

（1）开展科研需要了解相关领域研究进展，跟踪研究热点，需要从各种数据库、文献库以及外部海量网络资讯中全面、快速地获取相关信息。

（2）要充分发挥开发生产中产生的海量数据的价值，实现对开发生产问题的及时发现与快速处置。

（3）项目管理系统重点跟踪项目流程，实现项目过程及最终成果的有效积累与复用。

（4）随着专家退休，大量宝贵经验随之丢失，希望做到"人走知识留"。

面向以上需求，该公司在四家试点单位开展了业务知识体系、知识库和知识图谱、知识管理平台和配套体系四个方面的建设，如图5-4所示。

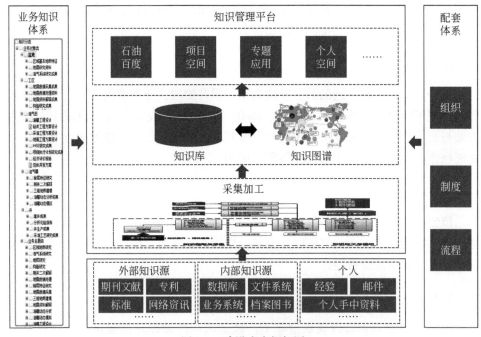

图 5-4　建设内容框架图

第一，业务知识体系：在油气勘探开发业务分析基础上，以业务（如勘探、开发）、对象（如油藏、井）、知识（如成果、案例等）为核心要素，设计梳理知识体系，构建起知识间多维分类与关联关系，如图5-5所示。

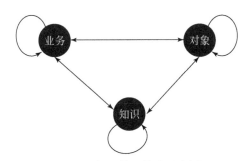

图5-5　知识体系构成示意图

　　第二，知识库与知识图谱：依托知识体系，对内外部不同来源的文档、数据等进行知识点凝练，形成知识卡片与知识库，构建知识间的关联图谱，如图5-6、图5-7所示。

属性名称	描述
标题	辽河西部凹陷南段沙河街组致密砂岩储层特征分析及优质储层预测
摘要	在辽河西部凹陷南段沙河街组中已发现了致密砂岩气，具有良好的勘探前景。但致密砂岩气属于一种非常规油气，其成藏机理异常复杂，有别于传统的石油地质学原理。有关致密砂岩气的研究，不仅具有理论价值，而且具有实际意义。本项目从研究致密砂岩的微观特征和成岩作用入手，探讨致密砂岩的形成机理，划分成岩阶段，研究区域成岩规律及其对物性和含油气性的影响。应用成岩作用数值模拟技术，进行成岩场分析，在平面上更精确地预测了致密砂岩所处的成岩阶段和成岩相的展布，结合沉积相的研究成果，预测了优质储层的分布。
关键词	西部凹陷南段，致密砂岩，成岩模拟，优质储层预测，孔隙度演化史模拟
研究任务	(1) 辽河西部凹陷南段沙河街组致密砂岩储层的微观特征研究，包括岩性、孔隙类型、孔隙结构、物性特征及其影响因素； (2) 致密砂岩异常高孔带纵向分布特征与形成机理研究； (3) 成岩作用研究、成岩阶段划分，研究成岩规律； (4) 建立成岩场分析模型，建立区域成岩格架； (5) 定量研究沉积相和成岩作用对储层物性的影响； (6) 恢复成岩史和孔隙度演化史，确定储层致密的具体时间； (7) 预测致密砂岩优质储层的分布和有利的勘探区域
主要成果	(1) 辽河西部凹陷南段地温梯度在2.5~3.28℃/100m，在纵向上呈三段式，平面上凹陷区地温梯度较低，隆起区地温梯度较高，地温梯度的高低主要受区域构造和地下水的活动控制。地下水活跃的区域和层段地温梯度较低，在致密砂岩发育层段，岩石热阻率较高，地温梯度较低。 (2) 致密砂岩储层发育异常低压，异常低压顶界深度与基底埋深呈正相关，其成因主要为"水冷减压"、抬升剥蚀、天然气扩散、储层致密岩石骨架承受过剩的地应力
创新点	
成果报告分类	最终成果
所属的项目	辽河拗陷致密砂岩气藏高效勘探开发示范工程
报告编写人	孟元林 郭日鑫 于英华 肖丽华 胡安文 焦金鹤 魏巍
研究对象	沙河街组
知识分类	储层研究
术语标签	

图5-6　知识卡片示意图

图 5-7   知识图谱构建路线图

第三，知识管理平台：融合大数据、云计算、移动应用、人工智能技术，形成覆盖知识采–存–管–用全生命周期的知识管理平台，支撑伴随业务过程的知识共享、交流与沉淀，平台界面如图 5-8 所示。

图 5-8   知识管理平台界面

第四，配套体系：通过配套体系建设明确知识运营组织、制度、流程，形成利于知识共享的文化，为知识资产持续保值增值提供支撑，如图 5-9 所示。

图 5-9   配套体系构成

5.1.1.5 实践特色

某能源公司的知识工程实践，具有以下特色。

1. 统筹规划、分步实施

持续多年的信息爆炸、技术发展、业务模式变革，使得传统的文档分类管理与检索早已不能满足领导和业务人员对于知识管理的期望和要求。而针对不同的业务，相关知识的凝练和面向场景的智能化应用，业务差异性也很明显，因此必须采取循序渐进的方式开展。

该公司在知识管理建设过程中，通过统筹规划、分步实施的思路逐步推进，在实践中验证完善相关成果的同时，形成指导推广的模板。与此同时，在知识体系、系统架构设计时，充分考虑目前业务需求和未来发展的需要。

2. 形成特色应用模式

该公司在业务分析基础上，结合业务场景中的"知识活动"，形成了特色的知识应用模式，总体上分为项目型、专题型和个人型三种，并通过语义搜索、智能问答、项目空间、专题应用、个人空间等功能支撑上述三种应用模式。

（1）项目型应用模式。每个项目都存在一定程度的个性和共性。个性特征决定了项目是难以通过批量处理或现成的产品与服务解决的，项目组就是为了要集中优势资源来解决这些复杂问题而成立的；共性特征则决定了每个项目的某些部分是不可避免地在不同的时间、不同的地区不断重复地进行。知识管理与项目的关系主要体现在以下几个方面。

第一，项目或项目组是知识密集、定向生产和沉淀的环境；

第二，项目或项目组是知识被密集应用的环境；

第三，可以通过显性知识管理解决项目组里大量重复劳动；

第四，可以通过隐性知识管理解决项目组里的复杂问题。

项目型应用模式旨在搭建上述描述的环境，满足科研项目团队知识获取、共享、交流与知识积累沉淀的需求。

（2）专题型应用。项目型应用的其中一个作用就是促进项目成员间的共享交流。除了项目型应用这种带有明显的任务性、组织性和时效性的团队成员间的共享交流外，科研人员还存在与相同或相关领域"同仁"进行交流的需求，彼此互通有无、经验分享和借鉴；此外，各单位也具有以非正式、松散组织开展互动与协同的需求。正如表5-1对正式组织、项目团队、实践社区的分析。

表 5-1　正式组织、项目团队与实践社区的区别

项目	正式组织	项目团队	实践社区
目的	提供产品或服务	完成项目目标与人物	提高成员能力，创造并交换知识
成员	招聘	由领导决定	自愿加入
环境	假定环境可预测	假定环境可预测	响应变化的、不可预测的环境
知识	依赖显性知识	显性知识与隐性知识	由隐性知识驱动
凝聚力	共同的目标、工作需要	项目目标	共同的专业知识、兴趣爱好，相互间的交情信任、认同与尊重
持续时间	组织的寿命	项目完成时	只要有兴趣就一直维护

专题型应用正是面向这一需求设计的应用模式，旨在满足业务人员对相关领域专家、技术人员进行知识与经验共享交流的需求。专题应用类似于实践社区的应用，但由于其是根植于该公司知识管理系统中的应用，又会有与实践社区不同的地方，例如，该公司知识管理系统中的专题应用，是被勘探开发科研知识环境所包围的应用。

（3）个人型应用。除了在团队或组织中进行共享交流，以及在任务过程中需要获取和学习知识外，科研人员个人在日常工作中同样存在对于知识获取、学习和管理的需求。个人型应用，即旨在满足个人对于知识高效管理的需求。

该公司通过知识工程系统支撑上述三种应用模式的落地，如石油百度、智能问答、项目空间、专题应用、个人空间等。

石油百度：实现了内外部不同来源知识的一站式获取，消除信息孤岛；而且能够提供基于语义的智能搜索，即识别用户搜索词句中的业务内容，理解用户搜索意图，全面准确匹配知识内容，实现更好地搜索体验，让个人拥有更懂自己、更懂业务的"内部百度"。例如，"库车凹陷"是"塔里木盆地"的构造之一，所以搜索"塔里木盆地"时，有关"库车凹陷"的内容也会搜索出来，如图 5-10 和图 5-11 所示。

智能问答：通过问答的形式，对于科研及油田现场生产人员获取信息、掌握异常情况、寻求原因和解决方案等知识需求，直接给出答案，如图 5-12 所示。

项目空间：立项时，向业务人员推送项目流程、规范、模板以作参考，图 5-13是该公司为某业务建立的知识标准包，其中包括完成这个业务活动的标准、模板、流程、案例等知识；项目开展过程中，能够将前期类似项目的阶段性成果一键推送，供项目成员随时参阅，如图 5-14 所示；也提供团队成员实时交流的空间，交流的内容也都有记录；项目结束后，所有的过程资料、项目经验、最终成果及时提炼沉淀，纳入知识库和知识图谱，公司的知识资产得以积累和持续增值。

图 5-10　石油百度界面

塔里木盆地的地层研究	Q

□ 在结果中搜索　　高级搜索

关键词: 塔里木盆地的地层研究

相关搜索结果 423 个　　　　　　　　　　　　　　　　　　　时间 ⇕　　默认 ⇕

塔里木盆地覆盖区石炭地层研究

本发明涉及根治塔里木盆地沙害的方法,属国土环境治理技术领域。发明方案为:再西藏芒康地区向西北挖隧道修暗河渠,科学调配东南四江河水的余水量西流入塔里木盆地;以充盈水源保障地东北胡杨林处…

来源:知识产权系统　　发布时间:2010-02-21　　　　　　　　　行业专利

库车凹陷俄霍布拉克组层序地层及沉积相预测

针对塔里木盆地库车凹陷三叠系俄霍布拉克组沉积相划分不清的问题,运用沉积学及层序地层学综合研究的方法,利用地震多属性分析手段,对研究区沉积展布特征进行研究。认为该区为扇三角洲—湖泊沉积体系,发育了3…

负责人:CNKI　　发布时间:2010-02-21　　　　　　　　　　文献

库车凹陷特殊岩性引发的钻井风险及预防处理方法

本文介绍了塔里木解放123井 因钻井过程中重晶石粉对油气层的堵塞,造成一次MFE中测、两次APR加槽管测试均不成功,后改为完井、大排量清水洗井,清除重晶石堵塞,替喷出高产油气 流;东河1井第三、四层射孔…

来源:维普　　发布时间:2010-02-21　　　　　　　　　　　文献

科学家发现塔里木盆地蕴藏一个"地下海洋"

据国外媒体报道,中国新疆塔里木盆地占地350000平方英里,是中国最干旱的地区之一。周围环境山脉阻挡了海洋潮湿空气,塔里木盆地降水量很少,平均每…

来源:地质资料中心　　发布时间:2010-02-23　　　　　　　　案例

相关研究对象

- 中丛-55-3
- 库车拗陷
- 井123
- 塔河油田
- 塔河拗陷

相关知识分类

- 地震路井
- 重力勘探
- 磁法勘探
- 电法勘探
- 化学勘探

大家都在搜

- 塔里木盆地
- 石化
- 录井测井
- 勘探开发
- 岩石力学

图 5-11　石油百度搜索结果界面

图 5-12　智能问答界面示意图

图 5-13　项目空间产品标准包界面

专题应用：基于专题进行相关知识的灵活组织，促进虚拟团队的互动交流，实现面向问题、专业技术、业务方向的知识汇聚与共享，全面感知领域热点与动态，实现全集团领域人才的学习交流，促进专业能力提升。图 5-15 是该公司的知识工程系统的专题应用首页界面，图 5-16 是某专题的界面图。

图 5-14 项目空间知识推送界面

图 5-15 专题应用首页

个人空间：实现用户个人关注的专题、知识类型最新动态的及时获取与学习；实现"我"与其他用户的知识互动，相学相长；实现基于网络的专家快速查询与问题请教，促进经验传承。图 5-17 是用户个人的首页，图 5-18 是用户本人关注的专家的界面，可见在这里寻找整个公司的专家变得如此容易，一键可达。

3. 领导重视、强化运营

该公司在开展知识工程体系建设与推广应用的过程中，总公司及各试点单位领导非常重视，并给予了很大的支持。同时，形成了知识运营的组织、制度、流

图 5-16　某专题的界面

图 5-17　个人空间首页

图 5-18　用户关注的专家界面

程，策划并开展了丰富的知识运营活动，这也是该公司知识共享共建取得良好成效的因素之一。2018 年，该公司在最具创新力知识型组织（MIKE）大奖评比中，获得卓越大奖，以及最佳知识运营专项奖。

知识运营包括用户运营、内容运营、活动运营和持续改进。用户运营，是以人为中心，目标是想方设法寻找用户，并通过各种方式留住用户，提升用户日常使用知识管理系统的频率。内容运营，是以内容为中心，目标是持续产生优质的知识。活动运营，是以各种形式的活动为中心，目标是吸引不同诉求人群的关注。持续改进，是以数据为中心，目标是通过总结运营过程，借助数据分析得失，促进运营或体系建设的进一步优化。

该公司在知识管理体系建设与推广应用过程中，不仅设计了包含组织、流程规范、考核激励制度在内的配套体系，而且开展了形式多样的运营活动，例如"我的平台我做主，知识管理系统 LOGO 征集活动""知识舞台不做隐形人–个人信息完善活动""专题建设评比活动"等，有效地调动了业务人员的积极性，形成知识共享氛围。

5.1.2 某能源公司的知识工程实践效果

5.1.2.1 建设成果

该公司的知识工程实践的主要建设成果包括如下五项。

(1) 知识体系：知识体系实现了油田勘探开发业务的全覆盖，包括 1000 多项业务活动，奠定全生命周期统一管理基础，有效支撑伴随业务过程的知识组织和应用，如图 5-19 所示。

勘探开发知识体系
专业词库
行业词典
梳理形成5万个石化行业的专业词汇
特征词典
梳理形成24.5万个行业分类特征词汇
知识分类
知识分类
梳理八大业务域、57个知识分类项
知识模板
梳理三大类17种知识模板
研究对象
对象类型
梳理地质对象、生产管理对象、技术、工具等17类
对象实例
梳理基础对象实例14万个以上
知识关系
关系类型
梳理知识与知识、知识与对象等五大类关系
关系细类
梳理形成513种知识关系

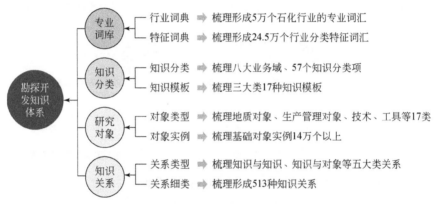

图 5-19 知识体系成果示意图

(2) 知识管理平台：融合大数据、云技术、移动应用等技术，打造知识管理平台，实现知识全生命周期管理。

(3) 知识库：内外部近 60 个知识源，基于勘探开发知识体系实现融合，形成千万级节点行业知识图谱；经过细粒度加工，构建 800 万量级知识库，涵盖物化探、井筒工程、油气开发生产等八大业务域，如图 5-20 和图 5-21 所示。

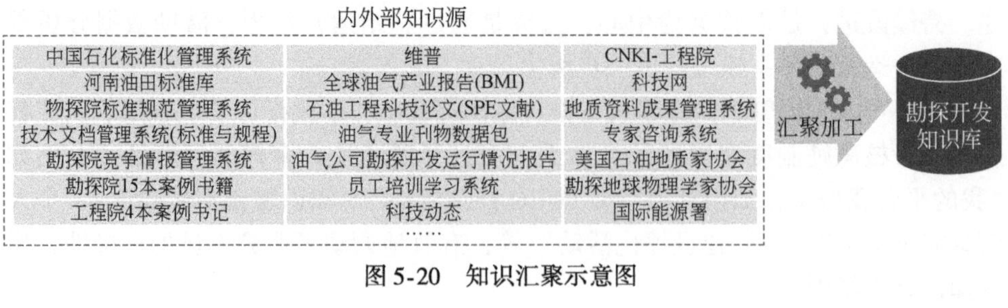

内外部知识源
中国石化标准化管理系统
维普
CNKI-工程院
河南油田标准库
全球油气产业报告(BMI)
科技网
物探院标准规范管理系统
石油工程科技论文(SPE文献)
地质资料成果管理系统
技术文档管理系统(标准与规程)
油气专业刊物数据包
专家咨询系统
勘探院竞争情报管理系统
油气公司勘探开发运行情况报告
美国石油地质家协会
勘探院15本案例书籍
员工培训学习系统
勘探地球物理学家协会
工程院4本案例书记
科技动态
国际能源署
……
汇聚加工
勘探开发知识库

图 5-20 知识汇聚示意图

图 5-21 知识地图示意图

（4）专家知识库：梳理入库 1029 名领域专家，建设形成石化上游专家资源库，涵盖 22 个专业领域；关联了各领域的业务专家基本信息、主持或参与过的项目、发表过的论文/专著、主要成果/学术成就等，如图 5-22 所示。

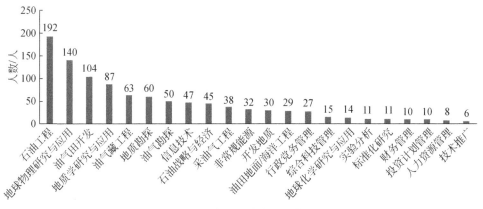

图 5-22 专家领域分布示意图

（5）配套体系：设计形成知识管理运行的配套保障机制和运营体系，并与平台功能有机结合，有效促进知识共享共建，如图 5-23 所示。

组织职责
□ 八大岗位设计，设置知识管理领导小组、IT运维组、知识执行组对知识管理活动进行全面负责

运营方案
□ 围绕用户运营、内容运营、活动运营、持续优化，设计具体的运营方案，并落地实施

制度
□ 制定研究院、部门、项目知识三大管理制度、知识应用制度，保障知识管理系统的高效运营

考核与激励
□ 从发展激励、精神激励、物质激励进行激励机制设计;设计了相对完善的个人、项目、部门三个维度的考核办法

图 5-23　配套体系示意图

5.1.2.2　应用效果

该公司实施知识工程的效果，可以从以下四个方面来看。

（1）通过推广应用，项目验收时，已有 2000 余名科研人员、90% 在研项目、800 多名专家在平台上汇聚与分享，对业务效率与个人能力提升起到积极推动作用。

（2）科研人员更多时间用于攻关：通过知识资源一站式获取，大大节省资料收集与归档时间，科研时间分配从 80%（收集）+20%（攻关）转变为 30%（收集）+70%（攻关），极大提高成果质量。

（3）新员工更快进入工作状态：通过标准包学习，节约新员工培训时间，指导流程化、规范化开展相关工作，培养时长缩短一倍，更快胜任岗位工作。

（4）专家经验传承效率更高：通过科研过程随时的知识积累和沉淀，基于专家网络迅速获取支持，实现隐性知识显性化，知识流失率显著降低。

5.2　政府政务领域应用

5.2.1　某政府部委的知识工程实践

5.2.1.1　背景

国土资源数据作为基础国情数据，在国民经济和社会发展中发挥着极为重要的作用。为了让数据发挥更大的价值，更深入地为管理工作服务，要求信息系统逐步向智能决策支持系统（IDSS）方向发展。某政府部委信息化"十三五"规划指出：到 2020 年，全面建成以"国土资源云"为核心的信息技术体系，基本建成基于大数据和"互联网+"的国土资源管理决策与服务体系，并明确提出构建国土资源态势感知和决策支持系统，建立"用数据说话、用数据决策、用数据管理、用数据创新"的管理机制，通过数字化、网络化、智能化的"智慧国土"建设，促进国土资源决策科学化、监管精准化、服务便利化。

5.2.1.2　目标

此项目的建设目标是：通过国土资源管理监测与决策支持系统建设，汇集国土资源、社会经济和网络舆情等各类数据，开展信息提取和加工处理等知识挖掘工作，优化整合各类数据资源，构筑国土资源知识体系和决策分析数据，借助研究专家的智慧丰富国土资源分析指标体系和模型库，构建适应国土资源管理人员和研究分析人员需求的知识管理和监测应用。例如，应用大数据分析技术，实现各类成果和管理态势的深度分析、智能化检索和舆情监测，实现国土资源形势和热点问题的动态分析，提供协作研究的智能化知识管理系统和决策支持系统。通过人机交互功能和数据可视化进行分析、比较和判断，为领导决策提供辅助支持。

5.2.1.3　建设内容

此项目的建设内容如图 5-24 所示，包括数据集成、知识服务和决策支持三个层次。

图 5-24　建设内容示意图

1. 数据资源池

将分散在不同地点、不同网络环境的数据进行汇聚管理、加工整理和入库，构建国土资源数据池，并形成国土资源"一张图"。具体数据内容包括：综合监管数据、国土资源综合统计数据、搜集和购买的相关期刊、报告、论文、通报、全球矿产、土地指数、经济和社会等数据。建立国土资源数据体系，从整体上把握数据资源情况，方便、准确地利用数据资源和有效地维护、管理数据资源，如图 5-25 所示。

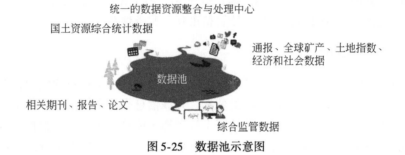

图 5-25　数据池示意图

2. 知识服务引擎

为了更好地服务于该部委管理人员的决策需要以及研究人员的研究需要，构建国土资源知识体系，围绕知识体系开发知识管理平台，进行国土资源监测与研究工作的各种内外部内容资源和业务资源的全方位、多层面整合。以此为基础，建设知识服务应用系统，如图 5-26 所示，满足现阶段决策参考和日常研究便捷性及易用性的需要。首先，建立展现知识发展与结构关系的一系列关联图谱，实现用可视化手段描述知识资源及其载体，挖掘、分析、构建和展现知识及它们之间的相互联系。其次，基于知识图谱和知识库，实现通过知识网络查阅和调取知识资源，展现国土资源管理领域的总体研究态势，识别当前国土资源管理领域研究前沿发展趋势及研究热点演进过程，进一步增强国土资源管理学科研究领域的延伸发展，实现业务、人员以及知识资源的关联和场景化知识推送。

3. 管理与决策分析

建设监测与决策分析平台，提供基础的分析指标和分析模型定制与管理工具，以及可视化数据展示工具，利用监测与决策分析平台和相关数据资源搭建满足业务要求的分析系统，实现信息的高效利用、直观呈现，使有价值的信息得到提取和挖掘，为决策分析提供支持，如图 5-27 和图 5-28 所示。

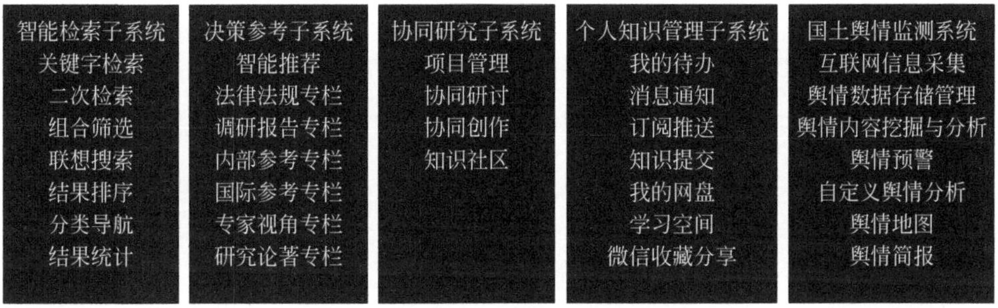

智能检索子系统	决策参考子系统	协同研究子系统	个人知识管理子系统	国土舆情监测系统
关键字检索	智能推荐	项目管理	我的待办	互联网信息采集
二次检索	法律法规专栏	协同研讨	消息通知	舆情数据存储管理
组合筛选	调研报告专栏	协同创作	订阅推送	舆情内容挖掘与分析
联想搜索	内部参考专栏	知识社区	知识提交	舆情预警
结果排序	国际参考专栏		我的网盘	自定义舆情分析
分类导航	专家视角专栏		学习空间	舆情地图
结果统计	研究论著专栏		微信收藏分享	舆情简报

图 5-26　知识工程系统的服务

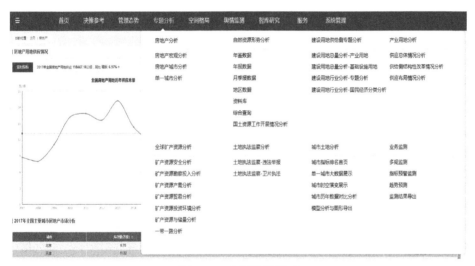

图 5-27　专题分析界面

5.2.1.4　实践特色

该部委的知识工程建设实践特色如下。

1. 遵循数字化→知识化→智能化的演进模式

知识工程项目建设的演进步骤与 DIKW 模型的演进是一致的。正如数字、信息资源是知识化的基础一样，智能化也要依托于知识资源的丰富。所以，在知识管理建设与推广过程中，知识汇聚是基础，在此基础上，逐步开发各类智能应用工具。该部委的知识工程实践包含了数据集成、知识加工与服务，以及辅助决策的智能应用，体现了数字化→知识化→智能化的演进模式。

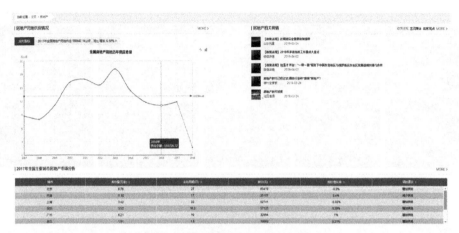

图 5-28　专题分析–房地产分析界面

2. 融合时空概念的知识图谱构建与应用

对国土资源的态势感知，离不开其分布状态的监控、发展趋势的分析，这就需要在知识服务引擎，特别是知识图谱中引入时空概念。该部委在知识图谱的建设及基于知识图谱的智能应用中，将时间、空间作为重点的实体，形成了"国土一张图"到"知识一张网"的映射。

5.2.2　某政府部委的知识工程实践效果

5.2.2.1　建设成果

该项目的建设成果主要包括下述三个部分。

1. 知识体系

基于自然资源业务体系，分别从知识资源、业务维度、组织维度、数据维度、空间维度、管理对象六大维度 13 项分类，设计了自然资源的知识体系，将知识与业务紧密相连，实现知识的智能化、专业化的搜索。图 5-29、图 5-30 是知识分类和关联设计的一部分。

2. 知识库

形成近百万量级的自然资源知识库，以及包含区域、对象、事件等在内的自

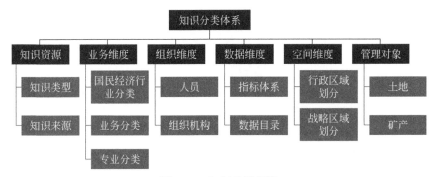

图 5-29　知识分类设计

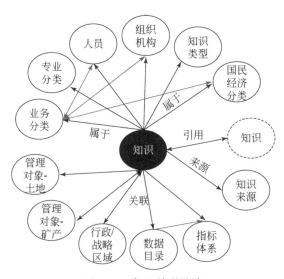

图 5-30　知识关联设计

然资源知识图谱，图 5-31 是其中一小部分内容在产品工具里的展示。

3. 管理与监测平台

设计一体化知识体系，搭建包括采集、加工、管理维护与应用四层架构的知识管理平台，支持智能搜索、协同研究、决策参考与个人知识管理。

5.2.2.2　应用效果

该客户的知识工程实践的应用效果，主要体现在两个方面。

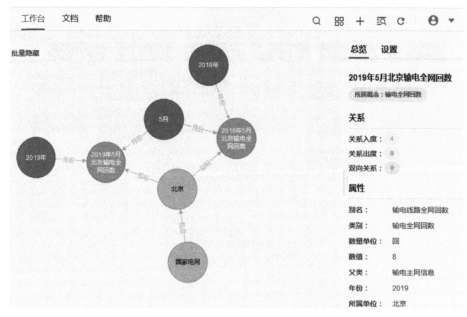

图 5-31　知识图谱可视化界面

1. 态势感知能力提升

通过对自然资源舆情信息的汇聚、分析研判、跟踪与可视化展示，更快、更直接地实现对自然资源行业态势的把控。例如，敏感事件的获取以往可能需要几天的时间，现在可实现分钟级捕捉与智能推送。

2. 专题研究效率提升

通过算法库、指标库（融合专家经验梳理设计）、知识图谱，形成了系统的"大脑"，能够对自然资源其相关领域的法律法规、期刊文献、调研报告、政策要闻等进行关键信息抽取，基于监测与决策分析功能实现国土资源业务监管和专题分析，包括房地产分析、国土资源形势分析、产业用地分析、基础设施用地分析和全球矿产分析等，提高专题研究效率与质量。以房地产分析为例，可分析不同地域、不同时间尺度的房地产用地供应量、价格及变化情况，并根据房地产市场形势、影响房地产用地供应的宏观经济、人口以及其他相关因素，分析当前房地产用地供需形势，辅助科学决策。

5.3 航空领域应用

5.3.1 某航空研究院的知识工程实践

5.3.1.1 背景

某飞机设计研究院是集歼击轰炸机、民用飞机、运输机和特种飞机等设计研究于一体的大中型军民用飞机设计研究院。在历史发展过程中，该研究院先后成功研制了我国第一代支线客机、第一架空中预警机、第一架大型喷气客机、第一代歼击轰炸机、中国第一架轻型公务机等十多种军民用飞机，为国防建设和民用飞机发展做出了重大贡献。

在我国航空工业快速发展的大好形势下，该研究院同时也面临着新的挑战，承担着多项关乎国家安全、追赶世界先进水平的国家重点型号研制任务，高精尖产品的研制任务对该院研发设计队伍提出了更高的要求。

在新时期新挑战下，该院遇到了前面提到的新问题，在人员更替过程中，设计队伍呈现年轻化趋势，随着老一批技术专家退休，新一代技术人员承担起技术骨干和工作主力的角色。但是，年轻人无法顺利上手顶尖的研发项目，"有样子的活会干，没样子的活不会干"这种情况普遍存在。

在此背景下，该研究院启动知识工程体系建设。

5.3.1.2 目标

在现状调研基础上，该研究院知识工程建设以"高效、规范、融合、积累、创新"为总体目标，以"能力上台阶、系统上台阶、管理上台阶"为具体目标，如图 5-32 和图 5-33 所示。

高效：即实现快捷、有效的知识获取及应用；

规范：即通过知识共享实现不同人干同一件事结果基本一致，规定动作不走样；

融合：即实现知识与研发活动的深度融合，实现对研发活动的有力支撑；

积累：即形成长期有效的知识积累机制；

创新：即实现知识驱动的创新，提高员工和组织解决新问题的能力。

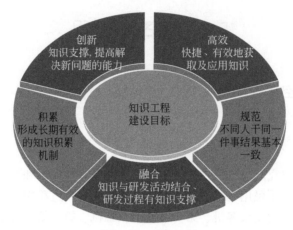

图 5-32　总体目标

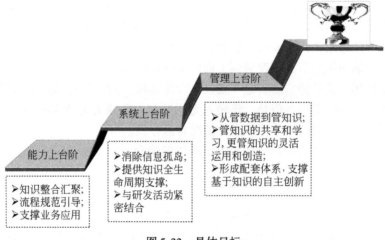

图 5-33　具体目标

5.3.1.3　建设内容

基于以上目标，该研究院从知识工程"体""系"两方面开展建设。所谓"体"，就是与实施知识工程相适应的体制机制、管理制度和流程规范等，旨在保证知识工程后续持续运营，并最终形成利于知识共享应用的企业文化。所谓"系"，就是开发和定制适用于飞机研发过程的研发知识工程软件平台和知识库，为研发任务的开展提供知识和工具平台的支撑。

建设内容包括知识聚集、知识关联、知识应用和知识创新四大部分，如图 5-34 所示。

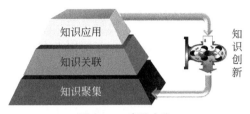

图 5-34　建设内容

1. 知识聚集

围绕研发设计任务知识需求，盘点该研究院的知识资源，主要包括人才、流程工具及科研资料三类知识资源，按照模板采集、结构化转换、系统集成、工具算法封装等方式进行汇聚。并将研发知识进行分类，建立工具方法库、数据知识库、参考知识库、标准规范库、经验库、专家库，并按照专业、所属研发阶段等进行辅助分类，形成多维分类体系，最终实现知识的统一存储和分类管理，如图 5-35 所示。

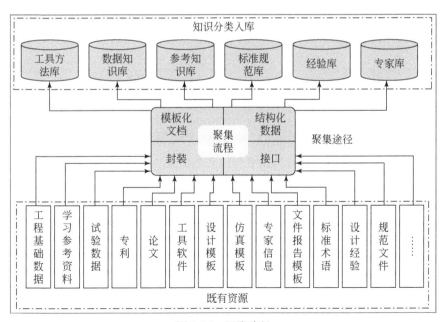

图 5-35　汇聚路径

2. 知识关联

知识关联采用边建边用、滚动发展战略。在九大专业领域 17 个专业，选取试点工作项目，展开深入梳理其中的工作流程及关联的知识。后续在平台中实现业务梳理功能及知识自动与手动关联功能，在使用中不断扩展、深化关联应用的范围和准确性，如图 5-36 所示。

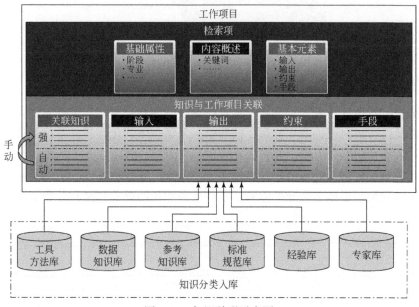

图 5-36　知识关联示意图

3. 知识应用

将业务需求进一步落地到具体平台的系统需求，进行平台本地化开发，最终提供包含 96 项子功能的知识工程平台，可提供知识基础应用和高级应用。基础应用以知识地图、专家地图与问答、知识搜索为主，同时根据需求开发利于员工学习成长的个性化功能；高级应用即是知识推送，可结合业务活动进行推送，亦可通过自定义订阅实现知识的自动推送，如图 5-37 和图 5-38 所示。

4. 知识创新

引入计算机辅助创新平台，与知识工程平台进行集成，应用国际先进创新方法 TRIZ，借鉴企业内外部各类知识成果，实现知识创新，同时，创新成果及时

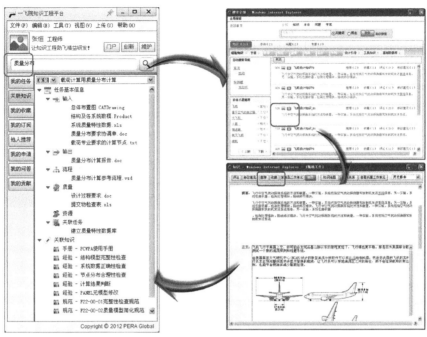

图 5-37　知识检索与关联示意图

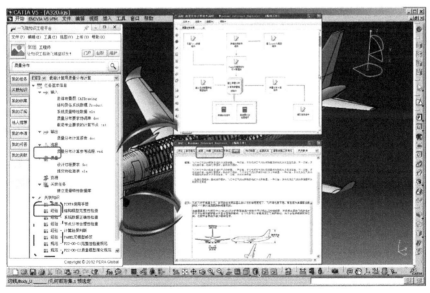

图 5-38　知识推送示意图

沉淀汇聚，进一步支撑研发设计任务，如图 5-39 所示。

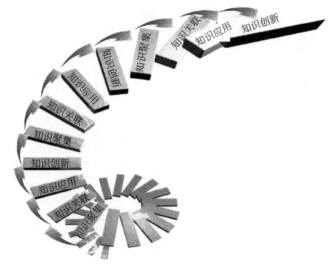

图 5-39　知识创新螺旋上升示意图

5.3.1.4　实践特色

1. 流程可视化，加速员工成长

设置流程可视化看板（图 5-40），员工可全局了解工作全貌，并可通过关联知识进行流程节点知识学习；设置学习频道，以项目为中心，由指导人与学员互动学习交流，帮助新员工快速成长。

2. 基于方法引导的高效创新

飞机等复杂产品研发中常会面临新的问题和挑战，该项目中将创新方法 TRIZ 与知识工程实现融合，形成方法与知识驱动的高效创新模式。同时，创新的成果又进一步在知识工程平台进行沉淀积累，为后续共享复用奠定基础。该研究院将知识积累与创新进行融合，形成完整闭环，为可持续发展奠定基础。

3. 知识与任务融合形成的知识包服务

该研究院在业务流程梳理的基础上，设计了"活动工作包"（图 5-41），并将该业务活动需要的知识与工作包结合形成"知识包"，通过在知识工程平台以及业务系统中的推送、封装等形式实现多种知识包服务，提高了知识应用的效率。

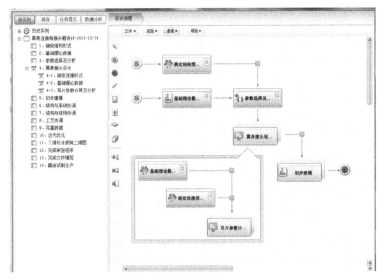

图 5-40　流程可视化看板示意图

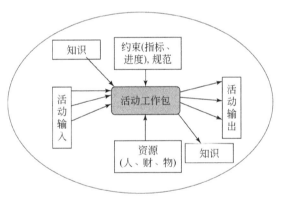

图 5-41　知识包示意图

5.3.2　某航空研究院的知识工程实践效果

5.3.2.1　建设成果

1. 知识体系

梳理设计了涉及九大专业领域、17 个二级专业的知识体系，梳理研发流程形成 400 余个工作包，并围绕工作包开展知识深度梳理，关联各类"知识"1500余条。

2. 知识库

形成包含工具、数据、参考、标准、经验、专家六大类知识百万量级的知识库。

3. 知识工程平台

形成支撑"知识找人""人找知识""知识创新""知识共享交流与积累"的知识工程平台。

5.3.2.2 应用效果

通过知识工程的实施，该研究院获得了明显的效益。譬如，已入库资料的查阅时间缩短为六分之一，人员上岗和转岗时间缩短了一半，返工率降低三分之一，工作标准化程度显著提升。该研究院的知识工程项目取得的成果也受到国家、地方及集团的肯定，先后获得各级奖励：

（1）第十九届全国企业管理现代化创新成果奖二等奖（国家级）；

（2）军工企业管理创新成果奖二等奖（国家级）；

（3）首届陕西省航空学会管理创新成果奖二等奖（省级）；

（4）中航工业西北片区第四届管理创新成果奖一等奖（省级）；

（5）集团公司第四届管理创新成果奖一等奖（集团级）。

知识工程实施后，刚刚踏上工作岗位的大学生，在指导人的帮助下，就可以在知识工程系统学习频道全面、快速地学习岗位知识。当拿到一项设计任务时，也可以做到心中有数。

（1）通过知识工程平台"流程看板"了解工作全貌，知道如何一步步完成工作；

（2）查看相关流程节点"关联知识"，这些知识都是大家在做同样或类似工作中积累下的宝贵经验，任务开展事半功倍；

（3）设计任务开展过程中"自动推送"，完成工作规范高效；

（4）在"知识门户"中进行各类数据、规范、方法等的一站式查询，提供充足"弹药"；

（5）遇到疑难问题，可以在"知识问答"中搜索是否有人遇到类似问题，还可以直接向专家请教，受益匪浅；

（6）遇到新问题，可以基于"创新方法"和"创新工具"，在问题求解过程获得答案。

5.4 其他应用简介

5.4.1 基于图像处理技术的地层解释技术

地层对比是石油石化行业油气勘探开发领域的一项重要任务，是指一个油区范围内进行全井段的对比，具体是在一个勘探或开发的区域将收集到的地震、钻井、录井和测井等各项地质资料，通过单井地质剖面的综合分析和对比，找出层位相当的地层，把各井地质剖面联系起来，整体上认识沉积地层在纵横向上的分布与特征。地层对比方法是运用对比手段研究地层特征及其运动规律的方法，是历史地质学研究的基本方法之一。对于一些复杂地层，要进行地层对比面临着很大的难题，复杂的地震资料、测井资料和测试资料会带来大量的分析和对比工作，很难做到非常精细化的对比分析，也很难获得非常高的准确率。

该应用在广泛结合前人研究成果的基础上，通过构建基于地质和测井原理的特征工程的图像识别和处理技术，将地震和测井样本数据进行了自动化的标注识别和分析，提高了人工对比分析的自动化水平，同时结合可视化的显示技术，让地层对比分析人员可以及时分析和掌握地层对比情况，提高了分析对比的准确率。如图 5-42 所示。

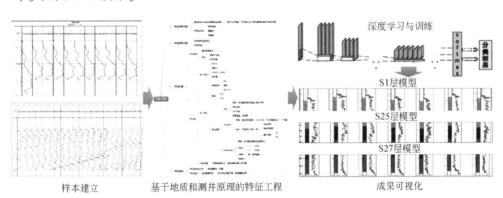

图 5-42　地层对比应用示意图

5.4.2 基于知识图谱的违法用地实时监察技术

相对于企业而言，在政府政务领域的决策和监管职能更为突出。所谓的决策和监管，就是要及时发现问题、定位问题和解决问题，进一步来说就是要做到防患于未然。在土地资源开发利用过程中的监管主要包括违约和土地闲置两种，都属于违法用地的情况，其中违约是指找出出让金缴纳或交地异常的项目和宗地，进行催缴和催交；土地闲置是指找出闲置的具体项目和宗地，下达行政命令（如限期动工、竣工），逾期则进行行政处罚或启动土地无偿回收机制等。因为土地是不可再生资源，所以国家出台了节约用地的相关标准和要求，而违约和土地闲置是其中一种浪费用地和违法用地的方式。另外土地闲置本身也会带来一些社会问题，比如住宅用地的闲置，可能是开发商想从中囤地获利等。

违法用地监察监管是为了及时找出问题项目和问题地块，为行政决策提供依据和实时数据支持。所以该应用构建了基于知识图谱的违法用地实时监察技术，通过知识图谱可视化的展示方式，将违法用地对应的具体问题项目和问题地块直观地呈现出来，以便进行后续跟踪处理，达到所见即所得的目的。如图 5-43 所示。

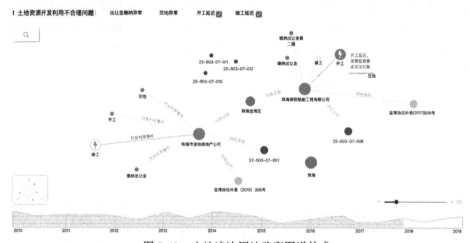

图 5-43　土地违法用地监察图谱技术

5.4.3 基于资源图谱和进化图谱的园区规划技术

园区在产业升级过程中，对自身的发展现状缺乏直观了解；在园区产业集聚方面，在园区初期的规划过程或是后续的日常运营过程中，管委会需要清晰、快速地了解园区产业细分布局，确定需要补充产业；对于细分产业来说，需要快速找到相应的招商资源；对于园区中的某个企业来说，需要快速地找到其上下游的合作资源。同时，处于转型升级、技术创新的浪潮中，企业需要找到所研发的产品、主攻技术未来可能的创新方向。

为了解决这些问题，我们开发了基于知识图谱+TRIZ 技术进化理论的园区规划技术，为园区和企业提供现状分析定位、资源推荐、创新方向指引。首次将 TRIZ 技术进化理论与知识图谱相结合，在为目标对象提供基于关系的资源推荐功能之外，还能通过技术进化路线图为企业、园区提供创新指引。

应用场景 1：园区招商资源推荐，通过园区产业链布局情况，对于未布局的细分产业，可通过产业–企业之间的关系以及园区相关的招商政策智能匹配目标候选资源，如图 5-44 所示。

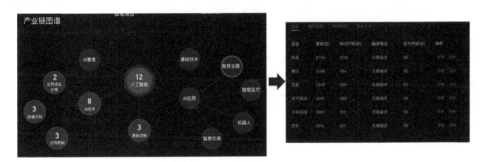

图 5-44　基于知识图谱的招商资源推荐

应用场景 2：企业合作资源推荐，基于资源关系图谱中产业与企业之间的关系，通过企业所处产业链位置，为企业推荐上下游产业的合作资源，如图 5-45 所示。

基于园区资源关系图谱，在园区内为企业推荐相关的合作资源，如图 5-46 所示。

以六度人脉关系理论为基础，对于没有直接关系的两个企业，基于资源关系图谱就可能发现与目标企业之间的间接关系，从而有效拓展合作资源开发渠道，如图 5-47 所示。

应用场景 3：企业技术创新方向指引，立足于企业画像，通过知识产权数据分析，基于 TRIZ 技术进化理论绘制企业主要产品/技术的进化路线及在对应路线中的所处位置，帮助企业快速了解自身技术现状，洞察未来可能的发展方向；同时也可方便地了解到竞争对手的技术现状。

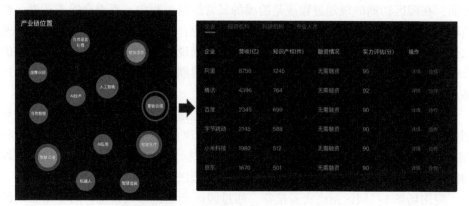

图 5-45　基于知识图谱的企业上下游资源推荐

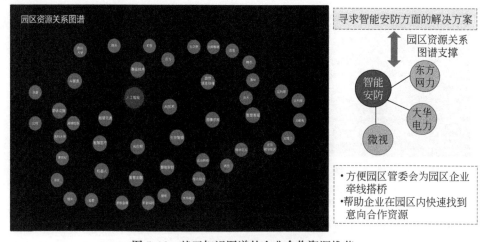

图 5-46　基于知识图谱的企业合作资源推荐

　　通过技术进化树的进化节点，可快速了解具体节点上的专利分布，帮助企业科学地选择技术创新方向，并为企业在具体产品、技术方向上自动匹配对应的对标企业和竞争对手，如图 5-48 所示。

5.4.4　基于工业图谱的追溯技术

　　在乳品行业，质量安全问题是关乎身体健康、关乎下一代发育和成长甚至关乎生命安危的重大事件。当然，乳制品的质量安全也关乎牧民的切身利益，关乎乳制品生产企业的生死存亡。近年来，乳制品质量安全事故给我国乳制品市场造成了很

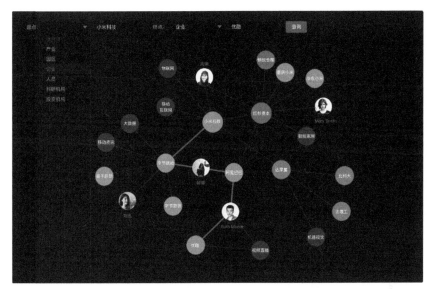

图 5-47 基于知识图谱的企业合作资源拓展

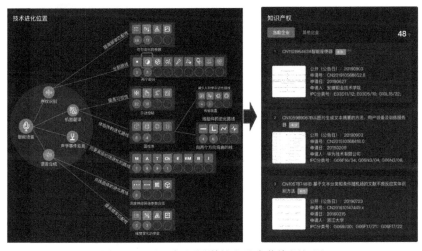

图 5-48 基于知识图谱的企业合作资源拓展

大的冲击。基于工业图谱的乳品质量追溯技术，利用知识图谱，打通各业务环节，实现复杂的业务数据的快速追溯，并通过图谱分析计算，找出问题所影响的其他业务环节。实现全流程的信息快速追溯让产品更加透明，每个环节的质检报告让消费者也买得放心，同时形成人、物、业务过程的全产业链让消费者形成正向认知，协助乳制品生产和加工企业创造更大的产品价值，如图 5-49 所示。

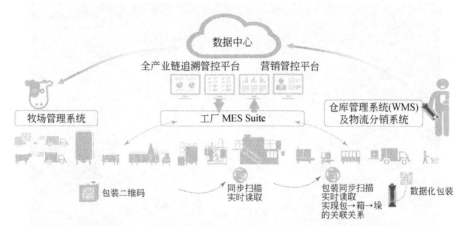

图 5-49　基于知识图谱的乳品行业全链条质量追溯

　　实际的图谱会非常之复杂，这里取其中很小的一部分做示范和示例，如图 5-50 所示。

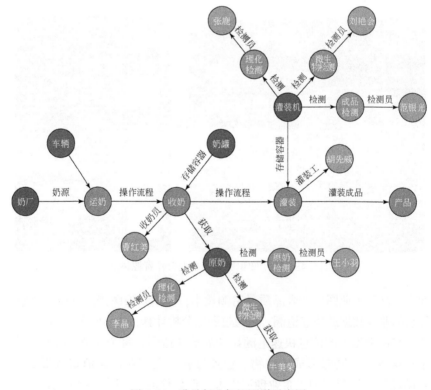

图 5-50　乳品行业知识图谱示意图

5.4.5　基于知识图谱的智能问答机器人技术

常见的智能问答机器人，多数为固定问题和答案构成的 FAQ 问答库，加上问句的语义解析构成。这种方式带来的问题是，固定的 FAQ 无法实现动态数据的推理和计算。我们构建了基于知识图谱的智能问答机器人技术：通过构建关键信息的知识图谱，打通与业务系统数据库之间的数据通道；在知识图谱基础上叠加复杂计算和基于图谱的推理技术，以及前端问句的自然语言处理技术，将问句与知识图谱数据关联，提高了问答机器人的智能化水平。具体过程如图 5-51 ~图 5-53 所示。

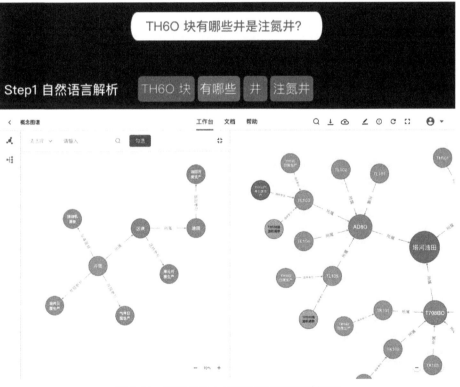

图 5-51　问答机器人的问句解析和图谱推理

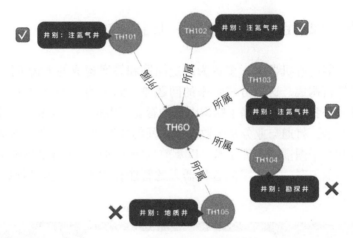

图 5-52　问答机器人的数据计算

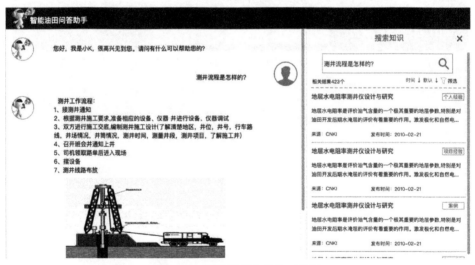

图 5-53　问答机器人的交互界面

6　AI 知识工程展望

AI 历史上经过了 3 次高潮，从 2018 年开始"退潮"，我们对 AI 的认识也更加客观真实，AI 的一次次高潮，本质上是人类对自身认识的加深以及对幸福生活不断向往的一种具体表现，这个过程不仅促进了技术的发展，同时因为对 AI 伦理道德的探索，也构成了宝贵的人类精神财富的一部分。

6.1　知识工程融入 AI 并成为 AI 重要的一环

知识这个词流行于 20 世纪 90 年代，随着通信技术和互联网的发展，人类能获得的信息呈现爆炸式发展，原来需要花费很大力气才能获得的资料，突然之间获取变得很容易，甚至基本免费，这极大地促进经济的发展，互联网成为 90 年代经济发展的动力。但随着互联网的持续发展，人类能获取的信息量（如文本、专利、产品信息等）远远超越了人类处理和分辨的能力，人在各种无限丰富的信息面前显得如此渺小，这时隐含在信息背后的知识必然成为人们摆脱信息爆炸的期望所在。所以在 20 世纪 90 年代涌现了许多带有知识二字的词汇，如知识经济、知识产业、知识创新、知识社会、知识管理、知识工程、知识门户等，但这其中存在一定问题，即这些知识的表达方式基本上还是基于文本的阅读方式，直到谷歌公司 2012 年发布知识图谱，才将信息的表达方式由文字阅读理解改成图像识别，实现了"所见即所得"的知识获取方式，更符合人们获取信息时浏览的心理状态和高低错落的认知层次需求，因此图的方式就成为知识标配的表达方式。

但在同时期，随着谷歌 AlphaGo 实现机器人战胜人类围棋高手，以及语音处理的极大成就，掀起了新一轮的以图像处理、语音处理为主要技术手段的 AI 高潮，各个国家相继发布自己的 AI 发展路线图，以及随着工业 4.0 技术的提出和影响力的不断扩大，人类正在走进新的 AI 时代。在这一轮 AI 技术中，只有文本处理技术还没有突破，因为文字的语义太过丰富，就是人们自己阅读都有很多不同的认识，这说明，人类对语言文字的认识还远远不够。但是知识图谱是一个解读文本信息的一个比较好的工具。

随着 DIKW 金字塔从低到高的演化，未来知识（K）将成为智慧（W）的基础，知识工程也将成为 AI 的一部分，成为 AI 循环的重要一环。也就是说，未来人们谈论的主旋律是 AI，但是实现 AI 的手段是知识，如做决策用的目标是 y，但是实现目标的过程 $y=f(x)$ 就是传统意义上的知识。

智能的核心概念是自学习，这也意味着知识需要不断地调整。例如，基于知识的自动化的洗衣机，是根据一套规定的表达式 $y=f(x)$ 进行清洗的，一旦选定就不能随便改变这个表达式。智能洗衣机的场景是，洗衣机有一个眼睛一样的摄像头或者耳朵一样的麦克风，能实时看到或听到人对洗涤效果的反馈，比如不满的眼神或者抱怨的口气，甚至关于延时的要求，然后洗衣机自动调整洗衣的流程，以满足人对洗衣效果的要求。这是一个无感的自适应学习的过程，每个人的要求洗衣机都能满足。这种能实时感知洗衣效果并做相应调整的洗衣机，就是智能洗衣机。

实现 AI 包含 5 个步骤，态势感知—实时分析—科学决策—精准执行—学习提升，在这 5 个步骤中，实时分析就是传统的知识工程的内容，这里的实时是指分析结果，但分析所采用的数据也就是样本一般而言却是过去的数据，也就是要赋予过去的知识现实的意义，用于实时的生产，而不能仅仅停留于纸面分析。智能由于有赋能的物质性需求，因此对知识的要求也超越了传统知识的要求，所以，在 AI 语境下，知识工程将成为实现 AI 的关键一环。实际上在 AI 的每一个环节的背后，都有知识的需求，也就是说，横向看，知识工程融于 AI 的每一个环节。

在 AI 时代，AI[27] 和知识工程犹如硬币的两面，说的是 AI 内涵，指向的是知识工程，或者反过来，当我们在说知识工程的时候，我们的目标是指向 AI。总之，在 AI 时代，知识工程获得了真正的再生，成为实现人们理解世界、理解自身，追求美好生活的手段。

6.2 以标注为基本形式的知识学习将改变生产方式支撑智能社会的建立

传统知识的景象是从过去的文本文件或者数据中推出某一个封闭的表达式或者某种集合的包含关系，现在统括在大数据分析里面，当推出结论之后，需要人们去理解、解释和欣赏。这里有一个重要的环节就是对数据的解释，或者试图对数据背后的物理机理进行反演，这是一条统计的思路，从数据到假设，是一条形而上的思路。

但在生产中，人们是先设计生产原理，然后进行数据采集，最后进行分析的过程，这是一条演绎的思路。尤其像知识图谱，它表达了世界是互相联系的世界观，业务和生产都是一种联系，也就是一种关系，因此在知识图谱中，点代表了实体，代表了物质性，而关系就是业务，就是生产关系，所以图就超越了它的表达形式本身而是直接对业务进行了描述，图是表达业务的一种方式。构建知识图谱本身就是在构建业务模型，这是先有业务的抽象模型，再有业务的数据的思维模式，是一个典型的三段论式的思维过程，解释在前而数据在后，因此才能满足实时生产的需要。

随着科学研究第四范式的普及，现在不仅研究的方式采用搜索的方法，连生产的方式也越来越多地采用搜索的方法。例如，对于某一地层将要采用什么类型的钻头，完全根据对过去地层的对比或者搜索实现，对于生产问题的处置，也完全依靠对过去经验的搜索实现。这是大数据穷举情况下的最好方式，只有在数据量不够也就是小数据的情况，才需要构建模型进行插值或者外推的运算。随着时间的积累，如自动驾驶随着小时数的积累，知识越来越准确使得驾驶越来越智能。类似自动驾驶这种实时控制的智能系统，就是未来生产力的基本形态，每一台设备都有自动学习知识、自动适应环境的能力，而众多的智能化设备连接一起构成的物联网系统，又可以获得超越单台智能设备之外的群体智能，如此，将极大地提高整个社会生产力的水平，改变生产方式。

随着生产方式的改变，人与人之间的关系也将发生改变，现在讨论的 AI 的伦理原则，如"智能向善"的道德准则，都是在构建未来智能社会的基本生产关系。随着生产力和生产关系的改变，整个人类社会就跨入了一个崭新的智能社会。

随着 5G 的发展，"全社会一张网"就具备了现实的基础，就跟铁路串起了工业社会一张网一样。这样，人、机器、生产一直到社会的各个层次所需要的知识，都必须通过知识工程这个制造知识的环节才能挖掘出来。

在智能时代，知识不仅仅在数据中，知识更多地存在于文本、经验、图像、对话这些非文本的多媒体素材当中，获取知识的方法，无一例外都是先对这些知识进行人工标注，将人类的认识或者知识承载于这些素材之上，然后不断训练和校验，使这些知识的实现不断接近真实，准确率不断提升，从而实现隐性知识的显性化。到现在为止，还没有更好地获取人类知识的方法，因此，以标注为基本形态的知识学习方法，将存在于整个 AI 社会的全过程。

由于知识都是通过人工标注实现，它本质上反映的是标注人的知识，因此必然存在局限性。越来越多的证据表明，放之四海而皆准的普适性知识是不存在的。从知识本身的定义——一种经过验证的共同信念（a justified common belief）也可以看出，随着人群的不同，大家相信的知识也不同，这必然导致领域化的特殊性知识的产生，普遍性和特殊性，也是知识的基本属性。

6.3 知识将对人的认知机理进行更深刻的刻画

虽然 AI 技术在图像识别和语音处理上都取得了很大的进展，但这远远不能认为 AI 社会离我们很近了，犹如当年普朗克黑体辐射的"乌云事件"一样，人们对自然语言的理解和处理基本上没有有效的手段，这背后的根源在于，人类对自己认知世界的方式其实是不怎么了解的。深度学习是一个突破，但是深度学习的潜力现在已经挖掘将尽，人类需要新的模型来描述人类的认知过程。

也许人类自己是无法了解自己的认知方式的，根据哥德尔不完备性定理，人类永远不可能了解自己的认知方式，如果是这样的话，则自然语言处理就是一个无底洞，人类需要不断的探索新的理论和技术来认识认知本身，而没有任何一种方法是终极方法。例如，现在的三元计算体系，突破以 0 和 1 为代表的计算机体系，发展三元二极管，这是向人类的四元体系进化的一大步，但现在仅停留在探索阶段。再如，硅基的半导体计算机体系，跟以碳为基础的人类基因体系也不同，因此探索碳基的计算体系，也是加深人类认知机理认识的一种努力。虽然日本的蛋白质计算机失败了，但是未来也许会以另一种形式复兴，毕竟按照人的构造逼近人的认知，是最容易想得到的一条认知技术路线。

在技术上，所有 AI 的技术，本质上都是模仿人或者人群的技术，最终都指向对人类认知机理的解构。随着各种类人技术的发展和完善，人类将不断逼近人类认知的真实，但远远不可能取代人的认知本身。

未来 AI 社会所依赖的技术，是不是现在我们所已知的技术，也很难说，如深度学习、图像识别等。总之，对于未来即将来临的智能社会，我们需要保持开放包容的心态，接受各种理论并实践这些理论，直到找到一种最能反映人类认知真理的理论和技术为止，如此，经过智能社会不断量变的累积，为智能社会之后的更美好的社会奠定质变的基础。从技术角度，人类社会也是这样不断地螺旋循环上升的，只是每一个循环的量变过程中，依赖的都是更高一级的相互作用。

更高级的相互作用就是更高级的模式，把人类社会当作一个系统，从数学上看，任何系统都是一个数学物理方程，线性的或者非线性的，这个方程有着不同的特征值和特征向量，也就是有着不同的态势和模式分布，特征值的序号越高其分布越复杂，这意味着可以满足的外部条件越多，也就是能更充分地满足人的欲望。举个例子，比如手机往地上扔，不管怎么扔，手机裂缝的模式是有限的，按照从简单到复杂的裂缝花纹排序，就是按照模式特征值从低到高的排序，这是手机的数理方程表现出来的本性。如果要求破裂模式满足喇叭不能坏、屏幕的上半部分不能坏、屏幕下半部分也不能坏这 3 个限制条件的话，那我们扔的方式，也就是激励方式就不能随便选而必须进行设计和限制。由于人的要求总是不断提高的，人的贪欲是永远无法满足的，这就意味着要不断选择更高的更复杂的破裂模式才能满足这些要求，这就必然导致社会是不断进化的，而进化社会的背后，意味着需要选择更高的本征模式，来满足这些不同的要求。

参 考 文 献

［1］刘春艳，赵丽梅．我国智库知识管理与情报服务创新研究现状与展望［J］．现代情报，2018，38（2）：48-61.

［2］Christian P C, Angelle K, Andrew Klar H, et al. The use of E-learning, narrative, and personal reflection in a medical school ethics and palliative care course ［J］. Journal of Pain and Symptom Management, 2019（2）：439.

［3］Mazanec P, Ferrell B, Malloy P, et al. Educating associate degree nursing students in primary palliative care using online- E- learning ［J］. Teaching and Learning in Nursing, 2019, 14（1）:58-64.

［4］Stone P, Veloso M. Multiagent Systems：A Survey from a Machine Learning Perspective ［J］. Autonomous Robots, 2000（3）：345-383.

［5］唐晓波，李新星．基于人工智能的知识服务研究［J］．图书馆学研究，2017（13）：26-31.

［6］张兴旺．从 AlphaGo 看人工智能给图书馆带来的影响与应用［J］．图书与情报，2017（3）：43-50.

［7］邱均平，韩雷．近十年来我国知识工程研究进展与趋势［J］．情报科学，2016，34（6）：3-9.

［8］张志远．基于 WEB 文本挖掘的客户知识采集方法研究［D］．长沙：国防科学技术大学，2003.

［9］周新跃．专家知识服务——面向专家的知识服务创新研究思考［J］．图书馆研究，2015，8：51-56.

［10］陈强，廖开际，奚建清．知识地图研究现状与展望［J］．情报杂志，2006（5）：43-36.

［11］靳晶晶．基于图数据库的产品评论情感分析与个性化推荐的研究［D］．昆明：云南大学，2016.

［12］王日芬，傅柱，吴鹏．概念设计中基于知识流的语义化知识管理技术框架研究［J］．数据分析与知识发现，2018，14（2）：2-10.

［13］冯志伟．自然语言处理的历史与现状［J］．中国外语，2008，21（1）：14-22.

［14］余战秋．中文分词技术及其应用初探［J］．电脑知识与技术，2004（32）：81-83.

［15］成于思，施云涛．面向专业领域的中文分词方法［J］．计算机工程与应用，2018，54（17）:30-34.

［16］章登义，胡思，徐爱萍．一种基于双向 LSTM 的联合学习的中文分词方法［J］．计算机应用研究，2019（10）：2920-2924.

［17］王晴．电力企业非结构化数据管理平台的研究与设计［D］．长春：吉林大学，2016.

［18］吕冰清．大规模图数据库中的模式查询算法研究［D］．上海：华东师范大学，2018.

［19］王昊，刘高军，段建勇，等．基于特征自学习的交通模式识别研究［J］．哈尔滨工程

大学学报，2019，40（2）：354-358.

[20] 傅柱. 产品概念设计中基于知识流的语义化知识管理关键技术及其应用研究 [D]. 南京：南京理工大学，2017.

[21] 周伟，谭振江，朱冰. 基于差分进化算法的大数据智能搜索引擎研究 [J]. 情报科学，2018，36（5）：85-89.

[22] 高龙，张涵初，杨亮. 基于知识图谱与语义计算的智能信息搜索技术研究 [J]. 理论与探索，2018，41（7）：42-47.

[23] 宋建武. 智能推送为何易陷入"内容下降的螺旋"智能推送技术的认识误区 [J]. 人民论坛，2018，6：117-119.

[24] 常亮，张伟涛，古天龙，等. 知识图谱的推荐系统综述 [J]. 智能系统学报，2019（2）：207-216.

[25] 崔阳阳. 面向精准问答的数据处理的设计与实现 [D]. 北京：北京邮电大学，2016.

[26] 刘艳，李一铭，刘子逸. 基于精准营销的问答平台数据挖掘算法需求综述 [J]. 中小企业管理与科技，2018，1：152-153.

[27] 郭沅东. 关于人工智能的哲学思考 [D]. 哈尔滨：哈尔滨理工大学，2017.